本书由国家自然科学基金项目（32002405）和河南省农业
科学院自主创新项目（2023ZC111）资助

虾青素在水产养殖中
的应用研究

张春暖　齐　茜　王冰柯　著

中国农业出版社
农村读物出版社
北　京

前　言

　　虾青素（Astaxanthin），又称虾壳素或者虾黄质，属于酮式红色类胡萝卜素，是一种广泛存在于海洋生物中的物质，它的分子式为 $C_{40}H_{52}O_4$，分子结构由芳香环和中间的多聚烯链组成，溶于脂类，不溶于水，相对分子质量 596.84，有特殊的着色和色素沉积功能，是一种较好的体色改善剂。特殊的分子结构决定了它强大的抗氧化功能，能够清除大量的自由基，比维生素 E 的抗氧化能力高 550 倍，因此也被称为"超级维生素 E"。迄今，虾青素是自然界中发现的最强的抗氧化剂之一，含有大量的共轭双键、不饱和酮基等，这些结构都很活泼，能够清除自由基、消灭单线氧，有"超级抗氧化剂"之称。大量的研究表明，虾青素还具有抗衰老、增强免疫、预防动脉粥样硬化、预防糖尿病和癌症等生理功能。虾青素已被应用于医药、食品和饲料等行业，前景广阔。近年来，虾青素作为新型饲料添加剂，也越来越多地被应用于水产行业。

　　大量研究表明，虾青素已被应用于鲑、对虾等养殖品种，在促进生长、提高繁殖率、着色和抗氧化方面有积极意义。因此，针对虾青素的作用效果，发掘其在水产动物上的应用价值，可为虾青素在水产动物上的应用提供科学依据。

　　作者所在团队长期从事水产动物新型饲料添加剂的开发，在饲料添加剂的应用方面开展了大量的工作，初步研究了虾青素的促生长、增体色和抗氧化的作用效果。基于国内科学家的研究成果，结合国际上的研究进展，本书系统性地描述了虾青素在水产动物上的研究现状，针对虾青素的生理功能及应用展开论述。

　　本书是我国关于虾青素在水产动物养殖上研究的第一部专著，是对我国科学家虾青素营养研究成果的系统性总结，具有很强的学术性、前沿性和实用性。本书对其他新型饲料添加剂的开发和研究也具有借鉴价值。

　　由于作者水平和时间有限，书中难免存在不足之处，敬请各位读者批评指正。

著　者

2023 年 1 月

目　　录

第一章　虾青素简介

第一节　虾青素研究进展

虾青素（Astaxanthin），又称虾黄质或虾壳素，是一种酮式类胡萝卜素。由于虾青素良好的功能特性，在水产饲料、保健品、化妆品和医药等领域获得了广泛的应用。根据来源不同，虾青素主要分为天然虾青素和合成虾青素。目前，95％的虾青素产品是合成虾青素。随着食品安全和环境保护意识的提升，技术的进步和天然虾青素价格的下降，天然虾青素正展现出更好的应用潜力。2017年，虾青素的产值达到5.5亿美元；2022年，销售额达到8.0亿美元；2025年，有望达到10亿美元。学术界和企业界围绕着虾青素的来源、制备技术及产品应用等方面开展了大量工作，取得了积极进展。

一、虾青素的理化性质与来源

1. 虾青素的理化性质

虾青素的化学名称为3,3′-二羟基-β,β′-胡萝卜素-4,4′-二酮，具体构型如图1-1所示。虾青素分子中含有13个共轭双键，以及在共轭双键链末端的不饱和酮和羟基，其中羟基和酮基又构成了α-羟基酮。这些结构都具有比较活泼的电子效应，能向自由基提供电子或者吸引自由基的未配对电子，结构特点使其极易与自由基反应而清除自由基，起到抗氧化的作用。研究表明，虾青素的抗氧化功能是许多其他功能的基础。根据碳碳双键基团连接方式的不同，虾青素中又分为反式结构和顺式结构，但只有反式结构的虾青素具有生物活性且

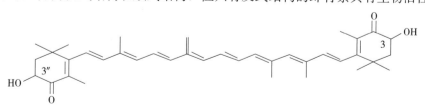

图1-1　虾青素分子结构

较为稳定，顺式结构不能被动物吸收利用。虾青素有天然以及化学合成两种存在方式。自然界中天然存在的虾青素全部为反式结构，而化学合成的虾青素中既有顺式结构也有反式结构，所在使用时要注意鉴别和选择。

2. 虾青素的来源

天然虾青素来源于藻、微生物、甲壳动物、鱼、鸟、家禽等，其中藻和微生物是其主要来源。研究显示，多种藻类如衣藻、裸藻等都含有虾青素。其中，绿藻门的雨生红球藻所含虾青素量最高，可达到其细胞干重的 4%，是目前天然虾青素最佳的生物来源。而在微生物中，红法夫酵母被认为是目前真菌发酵生产中最为合适的虾青素来源。从红法夫酵母中提取虾青素是生产虾青素的主要途径之一。

目前，虾青素的生产方式主要是天然生物提取和化学合成两种。天然生物提取主要是通过培养高浓度的雨生红球藻或红法夫酵母而获得。化学合成的虾青素与天然虾青素在结构、功能、应用及安全性等方面有一定的差异，其稳定性、抗氧化活性和着色性略低于天然虾青素。因此，一般生产应用较倾向于天然（生物提取）的虾青素。

生产中使用虾青素来源有人工合成和天然获取两种方式。人工合成虾青素是以类胡萝卜素为原料，由 β-胡萝卜素转变为虾青素需加上 2 个酮基和羟基。红法夫酵母是最常用的酵母，目前在实验室中已获得高表达虾青素的红法夫酵母突变株（称为 MK19），细胞内虾青素含量比野生型高 17 倍。利用过表达编码虾青素合酶的 crt S 基因构建阳性重组酵母株（CSR19），发现虾青素合成的相关基因表达量上调，虾青素产量增加。在虾青素提取工艺上，研究人员也在不断创新。研究发现，与传统的超临界流体技术相比，高压均质结合超声波破碎法更适合从红法夫酵母细胞中提取虾青素，每克酵母细胞中游离虾青素最大产量可达（435.71±6.55）µg。雨生红球藻被认为是一种很有商业生产前景的微藻，其虾青素含量约占类胡萝卜素总量的 90%，总量可达 1%～2%。但雨生红球藻培养周期较长，需要光照，生产场所受到一定程度的限制，并且藻类破壁提取虾青素比较困难，目前还难以进行大规模生产。鳖虾加工业产生的大量甲壳纲水产品的废弃物也是虾青素的重要来源，采用聚合剂提取系统可以从中提取虾青素，产率较高但杂质多。挪威海洋渔业工业采用青贮法来处理废弃物，使虾青素的回收率提高了约 10%，同时大幅度提高了纯度。

二、虾青素的提取方法

近年来，虾青素的功能特性及经济价值逐渐被人们发现，其需求量也日益增加。目前可通过化学合成法和天然提取法来生产虾青素，其中化学合成的虾青素占据主要市场，其市场占有率约为95%，但实际上它的应用安全性、结构和功能与天然虾青素均存在差异，相关试验也表明其抗氧化活性仅为天然虾青素的一半，稳定性、着色性等方面也较差，且价格高昂。因此，天然虾青素的高效提取不仅是循环经济的选择，也是未来虾青素发展的重点。

1. 碱法

碱提法成本低、时间短、纯度高，但废液严重污染环境。为此，杜云建等（2010）通过稀碱液处理虾壳来提取虾青素，在1∶4固液比、50℃的条件下用0.5mol/L NaOH浸提，最终虾青素的得率为9.31%，提取后的废液对环境的危害程度降低，可以与酶法一样作为提取虾青素的前处理方法。

2. 溶剂萃取法

目前，溶剂萃取法仍是虾青素提取采用最多的方式，其优点在于提取温度较低，利于虾青素稳定。常用的溶剂有乙醇、丙酮、异丙醇及这些溶剂的各种组合等，但不同溶剂提取效果不同。Hooshmand 等（2017）用不同溶剂从虾下脚料中提取虾青素，最后采用丙酮作为溶剂提取的类胡萝卜素产量最高，为 $61.321\mu g/g$。Sachindra 等（2005）用异丙醇与正己烷（50∶50，V/V）混合从虾下脚料中提取虾青素，产量为 $43.9\mu g/g$，比单独用异丙醇（$40.8\mu g/g$）和丙酮（$40.6\mu g/g$）的虾青素提取率都高。这表明混合溶剂能起到比单一溶剂更好的作用，并且可以弥补单一溶剂提取色素中成分有差异的问题。但溶剂提取法不足之处在于有些溶剂存在毒性，有一定安全隐患。另外，虾青素具有油溶性质，也可用食用油来提取，常用的有大豆油、棕榈油等。Sachindra 等（2005）比较了不同种类的油对虾下脚料中虾青素提取率的影响，取虾下脚料与油1∶2混合，70℃水浴加热2h，结果显示葵花子油提取的虾青素产量为 $26.3\mu g/g$，高于花生油、大豆油等其他6种油提取的虾青素产量。用食用油提取虾青素时，除油的种类外，用油量也会影响虾青素的提取，并且提取后虾青素与油的混合物不易浓缩，易使产品的浓度降低，一定程度上会限制其应用范围。

3. 酶法

酶法提取是一种环境友好的提取工艺，能防止溶剂造成化学污染，且能耗小，时间短，常用作前处理方法以破坏虾青素与蛋白质的结合，也可与其他方法联合同时提取甲壳素和虾青素。赵仪等（2006）利用木瓜蛋白酶对大明虾的加工下脚料进行虾素提取，研究结果表明在酶添加量1.30%、44.5℃、pH 5.51的最适条件下酶解92.6min，得到类胡萝卜素的产量为 $63.059\mu g/g$，比直接用丙酮提取的产量提高了 19.879%。该方法不仅提高了类胡萝卜素的产量，还可以增强加工过程中的安全性，因为丙酮属于易燃品且长期接触对人体健康有害。Auerswald 等（2005）先在龙虾加工下脚料中添加 0.5% 木瓜蛋白酶，控制固液比 1∶10，38℃下酶解 24h 后离心分离，再用甲醇提取，最终可得到 54.5μg/g 虾青素，该法将酶法与甲醇溶剂法结合，相比单独使用某一方法的虾青素提取率高，而且可节约单独使用酶提取的成本和甲醇的用量。

4. 超临界 CO_2 萃取

溶剂萃取法涉及萃取后溶剂分离的问题，而超临界 CO_2 萃取技术则避免了这一环节。同时，由于其具有低黏度、高扩散系数等优异特性，能更好地从固体样品中进行提取，且在较低温度下进行，能有效防止虾青素的降解损失。Abdelkader 等（2012）比较了不同压力和温度条件下超临界 CO_2 与正己烷萃取虾青素得率的差异，试验表明超临界 CO_2 萃取虾青素的最高产量为（86.2±3.1）μg/g，正己烷萃取得到的虾青素产量为（103.2±1.3）μg/g，虽然超临界 CO_2 萃取的虾青素产量略低，但不存在正己烷后续回收和回收不彻底造成危害的问题，能简化生产步骤。Charest 等（2001）发现以 10% 添加量的乙醇作助溶剂用超临界 CO_2 萃取虾壳中的虾青素能提高其萃取效率，而 CO_2 和乙醇又具有无毒性和环境友好的特点，符合绿色发展的趋势，或可成为未来提取虾青素的优选方法，但超临界 CO_2 萃取法相比普通的溶剂萃取需要更高端且耐高压的设备，投资较大。

5. 离子液体-盐双水相萃取

双水相萃取是通过双水相的成相现象及物质在两相间的分配系数不同而进行的分离技术。传统的双水相萃取存在高黏度阻碍传质、极性范围窄、选择性受限等问题，而离子液体双水相体系能弥补上述一些不足。Gao 等（2022）对比了 6 种不同离子液体与磷酸钾组成的离子液体-盐双水相体系的提取效果。按 5∶3∶12 的离子液体∶磷酸钾∶水的比例制成三元体系后与虾下脚料以 20∶1（mL/g）进行混合搅拌，再于 35℃平衡 12h 后取含虾青素的离子液体层加入超纯水沉淀虾青素。试验结果显示，辛基三丁基溴化磷（[P4448] Br）与磷酸钾的组合提取产量最高，为 30.51μg/g。这说明离子液体的结构会影响虾青素的提取效率，因为 [P4448] Br 有最小的水合度和最低的氢键接受强度，所以对磷酸钾双水相的耐受性最强；其次 [P4448] Br 改善了水溶液的亲脂性，而虾青素是亲脂性化合物，故可增加虾青素的溶解度；而温度的升高会使离子液体的黏度降低，因此也能提高虾青素提取率。将该试验提取的虾青素与丙酮提取的虾青素经扫描电镜观察微观结构发现前者损伤更小，表明前者提取的虾青素质量更高。因此，该法或可成为替代有机溶剂萃取的方法之一，其优点是环保、能耗较低且对设备要求不高，提取条件也较温和，利于虾青素的稳定。目前，用该法从虾下脚料中提取虾青素的研究较少，还存在许多问题需要进一步探究，如蛋白质和矿物质对离子液体中虾青素提取的影响、使用过的离子液体如何除杂以延长使用期限等。在虾的下脚料中虾青素常与蛋白质结合，进行甲壳素提取脱蛋白时，虾青素也会随之溶出，可同时进行提取利用。虽然水产品副产物中虾青素含量较低，不能满足大规模的商业化生产需求且提取费用相对较高，但废弃资源再利用可以实现循环经济、减轻环境负担，因此仍保持从水产品下脚料中提取天然虾青素用于生产的方式。可以通过超临界 CO_2、酶和溶剂等复合工艺以及对原料进行酸或酶解等预处理来达到提高产量、降低成本的目的，使得虾青素得以更好地开发和利用。

三、虾青素的分离纯化方法

经初步提取后的虾青素提取物含有低极性脂质、糖脂、有机酸碱或无机盐等多种杂质，这些杂质不仅会影响虾青素的稳定性和色度，也会对虾青素的分析检测造成干扰。纯化的目的就是将这些杂质去除，使目标产物纯度最大化。目前常用的纯化方法有：薄层层析法、柱层析法及高效液相色谱法。

1. 薄层层析法

薄层层析法是以涂布于支持板上的支持物作为固定相，以合适的溶剂为流动相，对混合样品进行定性与定量分析、分离和鉴定的一种层析分离技术。在分析虾青素类化合物的过程中，通常以硅胶和氧化铝作为固定相，以石油醚、正己烷及丙酮等作为展开剂，可快速实现游离虾青素和虾青素单、双酯间的分离。丛心缘等（2019）通过考察 11 种展开剂体系对不同形态虾青素的分离效果，发现 R（正己烷）：f（丙酮）：F（乙酸）＝8：2：0.2 作为展开剂时，分离的虾青素双酯、单酯及游离虾青素比移值（retention factor value，Rf）分别为 0.86、0.70、0.47。

2. 柱层析法

柱层析技术又称为柱色谱技术，主要原理是根据样品混合物中各组分在固定相和流动相中分配系数不同，经多次反复分配将组分分离开来。与其他纯化方法相比，该方法操作简单、设备成本低廉、分离纯化程度高。由于虾青素属于弱极性化合物，与脂肪酸结合后的虾青素酯极性更小，因此多采用硅胶为固定相，以石油醚-乙酸乙酯或石油醚-丙酮作为洗脱体系，分离极性存在差异的游离虾青素、虾青素单酯和虾青素双酯。杨磊等（2010）采用连续中压硅胶柱层析纯化虾青素含量高于 20％的红法夫酵母，分离工艺条件为：不锈钢中压层析柱装填 120～160 目层析硅胶，以石油醚：1,2-二氯乙烷：丙酮（体积比）＝ 5：2.5：1 作洗脱剂，负载量为 1：7，可以得到纯度大于 97％的虾青素产品，平均回收率大于 60％。连续中压硅胶柱层析法与传统常压硅胶柱层析法相比，溶剂用量少、层析填料价格低、生产周期短、分离效果好，易于实现连续工业化生产。

3. 高效液相色谱法

高效液相色谱法是用高压输液泵将具有不同极性的单一溶剂或不同比例的混合溶剂、缓冲液等流动相泵入装有固定相的色谱柱，经进样阀注入待测样品，由流动相带入柱内，在柱内各成分被分离后，依次进入检测器进行检测，从而实现对试样的分析。反相-高效液相色谱法目前已经成为虾青素类化合物和类胡萝卜素分离必须使用的方法之一。其常以 C18 柱或 C30 柱作为固定相，由于虾青素和虾青素酯是一系列极性相近的疏水性化合物，因此疏水性较强的 C30 柱与虾青素类化合物有更强的相互作用，分离虾青素酯效果更好。流动相常为甲醇-乙腈体系、甲醇-叔丁基甲醚体系等，需要时常常加少量的酸或碱来改善峰的对称性。孙伟红等（2010）将南极磷虾及其制品提取液皂化后，采用 YMC-Carotenopd C30 色谱柱（250mm×4.6mm× 51mm）分离，经甲醇、叔丁基甲醚和 1％磷酸水溶液为流动相进行高效液相色谱法分析。

制备高效液相色谱法分离纯化虾青素是在传统的分析型高效液相色谱法的基础上发展起来的一种高效分离纯化技术，该方法因简单易行、经济快速及纯度高等优势，是制备天然产物的重要手段，广泛应用于多种物质单体标准品的制备。杨成等（2009）采用 Kinete C18 半制备柱，以水-甲酸和乙腈-甲酸为流动相，通过半制备高效液相色谱仪来分离纯化不同虾青素异构体，纯化所得全反式虾青素的纯度为 92.9％，9 顺-虾青素的纯度达 95.3％，而 13 顺-虾青素的纯度达 91.8％。采用半制备高效液相色谱法从 1g 干雨生红球藻细胞中得到 32.2mg 反式虾青素。

四、虾青素的定量检测方法

目前，虾青素的检测方法有紫外-可见分光光度法（UV）、薄层色谱法（TLC）、高效液相色谱法（HPLC）及高效液相色谱-质谱联用法（LC-MS）。

1. 紫外-可见分光光度法

紫外-可见分光光度法是在 190～800nm 波长范围内测定物质的吸光度，

用于鉴别、杂质检查和定量测定的方法。定量时，在最大吸收波长处测量一定浓度样品溶液的吸光度，并与一定浓度的标准品溶液的吸光度进行比较或采用吸收系数法求算出样品溶液的浓度。由于虾青素类化合物在可见光区域内具有特征吸收，因此可采用 UV 法定量。该方法简单快速、适用范围广、成本低，但也存在一定的缺点。用分光光度法测定的虾青素含量要比高效液相色谱法偏高，原因是除了虾青素之外，其他类胡萝卜素如叶黄素、角黄素和 β-胡萝卜素也可能被认为是虾青素。甚至，叶绿素和一些没有任何健康益处的虾青素降解产物也被误包含在虾青素中，有学者发现通过分光光度法测定的虾青素含量可夸大 20%～50%。Li 等（2019）测定雨生红球藻粗提物中虾青素的最佳工作波长，研究发现在 530nm 处的吸光度和虾青素含量之间存在良好的线性关系，且在此工作波长下，可以避免叶绿素和其他类胡萝卜素的影响，也可以避免其他未知的干扰。因此，在 530nm 处时的测量值更接近样品中真实虾青素的含量。

2. 薄层色谱法

薄层色谱法不仅可以用来分离纯化虾青素类化合物，还可以结合扫描分析来对虾青素进行定量。Huang 等（2018）采用高效薄层色谱法（high performance thin layer chromatography，HPTLC），来测定南极磷虾油中虾青素含量。该研究以正己烷：丙酮＝7：2 为流动相，高性能硅胶为固定相，该硅胶可在 10min 内完成 HPTLC 分离，并结合 TLC 扫描仪进行光密度分析，虾青素回收率为 98.53%。

3. 高效液相色谱法

目前，采用高效液相色谱法对虾青素定量研究较多，大多数通过将样品的虾青素及虾青素酯提取液皂化后，采用 C18 或 C30 柱及以甲醇/水或甲醇/乙腈体系为流动相进行液相分析，并通过外标法对虾青素定量计算。孙伟红等（2010）建立一种准确测定南极磷虾及其制品中虾青素含量的高效液相色谱方法。首先将样品经无水 $MgSO_4$ 去除水分，以丙酮作为提取溶剂，在虾青素类化合物提取液中加 N-丙基乙二胺填料分散固相萃取净化，经 NaOH-甲醇溶液皂化后，以 YMC-Carotenoid C30 为色谱柱，经甲醇、叔丁基甲醚和 1% 磷酸水溶液的流动相进行梯度洗脱，紫外检测器测定。该方法操作简便、准确度高。高洁等（2016）建立了一种应用 Asta-E-H 脂肪酶定量检测雨生红球藻萃取物中虾青素的方法。首先将样品提取物经新型脂肪酶 Asta-E-H 催化水解后，再采用外标法在 C30 rHPLC 上对游离态虾青素进行定量。该方法重复性好、灵敏度和回收率高、反应副产物（如虾红素和顺式异构体）少。陈伟珠等

（2016）建立虾青素含量测定的高效液相色谱-光电二极管阵列法 Purospher star RP18（4.6mm×250mm）为色谱柱，甲醇-水（体积比为 95∶5）为流动相，光电二极管阵列检测器鉴定。

4. 高效液相色谱-质谱联用法

LC-MS 是在高效液相色谱的基础上连接一个质谱的检测方法。该技术结合了液相色谱的分离能力和质谱的高特异性检测的优点。质谱是一种测量离子质荷比的仪器，其基本原理是各组分在离子源中生成不同质荷比的带正电荷或者负电荷的离子，经电场的加速作用，形成离子束，在质量分析器中将生成的离子按照不同的质荷比分开测定其质量，从而确定物质组成。自然界中虾青素更多以酯的形式存在，液相色谱法不能完全分辨虾青素酯的分子组成，进而无法深入了解不同物种的虾青素酯的异同。Grunbaum 和 Takaichi 等（2003）利用 LC-MS 技术鉴定了虾和微藻中的虾青素酯，但由于仪器的局限性，仅能检测出几种含量较高的虾青素酯。随着检测技术的进步，质谱的精密度更高，发现的虾青素酯的种类越来越多。Holtin 等（2009）利用 LC-MS 技术从雨生红球藻中鉴定出 8 种虾青素单酯和 3 种虾青素双酯。丛心缘等（2019）建立了南极磷虾中游离虾青素及虾青素酯的高效液相色谱－高分辨质谱分析方法，从南极磷虾鉴定出 9 种虾青素单酯和 18 种虾青素双酯，比前人研究的南极磷虾中虾青素酯种类更丰富，并利用峰面积对虾青素单酯及虾青素双酯进行相对百分含量定量。

五、虾青素的吸收代谢研究现状

虾青素作为一种类胡萝卜素，在摄取后能否发挥生物活性的关键因素是其吸收利用或储存在人体中的比例，其利用率主要受分子结构、在食物中的物理结合方式、膳食中脂肪含量以及胃肠道中胰酶和胆盐的含量等因素影响。目前，有关虾青素在体内吸收代谢过程的研究相对较少，尤其是有关不同分子结构虾青素类化合物在生物体内的消化吸收过程鲜有报道。Ranga 等（2007）和 Olson 等（1975）研究报道，通过在饮食中添加油脂，可有效提高虾青素的生物利用度，提示食品基质中的脂质种类和含量是影响虾青素在生物体内利用率的重要因素。Coral 等（2004）研究了人体口服摄入虾青素和虾青素酯后，虾青素在人体血清中的存在形态。研究结果表明，摄入游离态虾青素后其在血液中与脂蛋白结合，而摄入虾青素酯后，在血液中只检测到了游离态虾青素，无酯化态虾青素检出，并且其在血液中的响应值比摄入相同当量的游离虾青素低 75%～80%，在此研究基础上推测，游离态虾青素可被人体直接吸收利用，而酯化态虾青素需要在消化道内先被水解成游离虾青素，然后以游离态形式被人体吸收。这一研究为虾青素酯在体内发挥与游离态虾青素相同的生物学效价提供了一定的证据，但是缺乏直观系统的研究数据来证明这一推测的准确性。Fukami 等（2006）利用化学法合成辛酸虾青素单酯和双酯，并利用大鼠模型对其药代动力学进行了研究，研究结果显示，推测中链虾青素酯的生物利用度优于长链虾青素酯。辛酸虾青素单酯在大鼠体内的生物利用率高于辛酸虾青素双酯，高于商品化雨生红球藻来源虾青素提取物（虾青素和虾青素酯的混合物），另外虾青素在肝脏中的最大代谢浓度是血清的 3 倍左右，推断中链脂肪酸链构成的虾青素酯具有较高的生物利用率。通过该研究结果可以看出，虾青素酯的脂肪酸链组成与其生物利用率具有相关性，但是目前有关虾青素酯结构-生物利用率之间的构效关系尚不明确，有待进一步研究证实。

第二节　雨生红球藻虾青素

雨生红球藻，属于绿藻门（Chlorophyta）、绿藻纲（Chlorophyceae）、团藻目（Volvocales）、红球藻科（Haematococcaceae）、红球藻属（*Haematococcus*），其能够大量积累虾青素，使自身呈现红色，故称为红球藻。1899 年 Torrey 植物学俱乐部的报告中，Hazen 第一次全面描述雨生红球藻。雨生红球藻的生活周期分为游动细胞、不动细胞、动（游）孢子和不动（静）孢子 4 种形式，以及生殖过程中形成的孢子囊。

一、雨生红球藻的培养

雨生红球藻的培养阶段主要分为 2 个阶段：绿色阶段和红色阶段。绿色阶段为雨生红球藻的生长阶段，此阶段雨生红球藻在适宜条件下进行生物量的积累。红色阶段主要为雨生红球藻积累虾青素阶段，此阶段下利用胁迫条件使雨生红球藻进行虾青素的积累。

光照是影响雨生红球藻生长和虾青素积累的重要因素之一，雨生红球藻适宜光照不同主要由于其培养方式和条件的变化。才金玲（2013）研究发现，光照强度为 $80\mu mol/(m^2 \cdot s)$，适宜雨生红球藻细胞生长；在较高的光照强度下雨生红球藻营养生长受到抑制，生物量下降，但雨生红球藻积累虾青素的速度加快。Harker 等（1996）认为 $50\sim60\mu mol/(m^2 \cdot s)$ 光照强度适宜雨生红球藻细胞生长。Boussiba 等（1991）认为 $85\mu mol/(m^2 \cdot s)$ 适宜雨生红球藻细胞的生长。顾洪玲等（2014）利用 LED 灯作为光源对雨生红球藻的细胞生长和虾青素积累进行试验，结果显示，红光可提高雨生红球藻的生长速度，增加其生物量。

吴晓娟等（2016）在雨生红球藻生长和虾青素含量的研究中发现，最适生长温度为15℃，最适虾青素积累温度为20℃。高桂玲等（2014）研究结果显示雨生红球藻最适温度为22℃。

氮和磷也可促进雨生红球藻内虾青素的积累。Borowitzka 等（1991）认为，雨生红球藻适合在高硝酸盐浓度、中等磷酸盐浓度和广泛的铁浓度范围内生长。高桂玲等（2016）认为对自然条件下，雨生红球藻最适宜氮质量浓度为0.5g/L（以硝酸钠计），这与 Harker 研究结论一致。Ding 等（2022）发现高磷条件（0.2mmol/L 和 2mmol/L）有利于雨生红球藻细胞的生长。

雨生红球藻适合于 pH 为中性或微碱性的环境下生长（邱保胜等，2000）。同样的，陶云莹（2015）研究发现碱性环境下更有利于雨生红球藻内的虾青素积累。吴娇等（2020）认为对雨生红球藻培养的适宜 pH 为 8.0。张宝玉等（2003）在雨生红球藻不同 pH 下的光合放氧速率方面研究发现，pH 从 6.0 上升至 12.0 过程中，雨生红球藻的光合放氧速率先上升后下降；随着 pH 的上升，光合放氧速率持续下降，当 pH 达到 12.0 时，光合放氧速率为负值。

二、雨生红球藻生理功能

1. 提供虾青素

雨生红球藻是一种虾青素产生藻，它含有较多的天然虾青素，含量为 1%～5%。

2. 提供蛋白质

相比于虾素，国内外学者对雨生红球藻在提供蛋白质方面的研究较少。红球藻在其红色与绿色细胞阶段除了产生虾青素和 ω-3 脂肪酸外，还含有 25%～33%干基蛋白质。Zhu 等（2018）采用碱提酸沉法提取雨生红球藻色素去除后残渣中的蛋白质，并对蛋白提取物的结构和功能性质进行测定和分析，结果显示雨生红球藻中蛋白 β-折叠含量（30.37%）最大，α-螺旋含量（14.86%）最小，氨基酸含量丰富，雨生红球藻在食品工业中具有潜在的用途。Jiang 等（2019）以雨生红球藻为部分蛋白源替代鱼粉饲喂黄金鲈幼鱼，发现将脱脂雨生红球藻粉与大豆分离蛋白混合，可将试验饲料中的 25%鱼粉替代，同时不影响黄金鲈的生长性能。Ju 等（2017）以雨生红球藻为原料制成脱脂微藻粉来替代凡纳滨对虾饲料中的部分鱼粉，替代 12.5%鱼粉蛋白质饲料显著提高了凡纳滨对虾的生长速度，降低饲料系数。

3. 提供多糖

雨生红球藻能够提供红球藻多糖，具有较强的还原能力和抗氧化活性，可以有效消除 OH 自由基、DPPH 自由基。

三、雨生红球藻对水产动物体色的影响研究进展

雨生红球藻是天然虾青素的提取原料，被称为天然虾青素的"浓缩品"。从雨生红球藻中提取的天然虾青素能够对水产动物体色产生影响。Ma 等（1991）将雨生红球藻类胡萝卜素提取的副产物脱脂藻粉，按照 0、0.2%、1% 的含量，添加到中华绒螯蟹饲料中，研究结果发现，饲料中添加脱脂雨生红球藻可提高中华绒螯蟹的着色能力。龚志等（2013）研究后同样发现，雨生红球藻具有改善中华绒螯蟹体色的作用。在饲料中添加适量的雨生红球藻虾青素粉可改善锦鲤的体色，提高锦鲤体表、头部和鱼鳍的色素沉积量。Angell 等（2018）对斑节对虾研究发现，由雨生红球藻提取的天然虾青素比人工合成的虾青素对斑节对虾的色泽改善效果更好。在牙鲆饲料中添加雨生红球藻可以提高牙鲆全鱼皮肤和肌肉中的总类胡萝卜素含量，还能提高皮肤的色素沉着。赵子续等（2019）在红白锦鲤饲料中添加雨生红球藻饲喂 8 周后发现添加 5～25g/kg 雨生红球藻能改善红白锦鲤的体色，当添加量超过 25g/kg 时，红白锦鲤体色的色度值差异不显著。

第三节 南极磷虾虾青素

南极磷虾是一种资源量巨大、尚未充分开发利用的海洋生物资源。南极磷虾虾青素具有非常强的抗氧化活性，是天然虾青素的良好来源；在鱼类体色改变、免疫能力提高等方面发挥了重要作用，具有广泛的应用前景。

研究发现，南极磷虾虾青素包括游离虾青素、虾青素单酯、虾青素双酯 3 种形式，主要以（3R，3′R）的形式存在。南极磷虾虾青素的含量约为 30～40$\mu g/g$。杨澍（2015）研究发现南极磷虾酯的脂肪酸主要以 C20：5、C22：6 和 C18：1 为主，含有少量的 C16：0 和 C14：0 脂肪酸。深入研究发现，南极磷虾虾青素可以通过淬灭单线态氧和清除自由基发挥抗氧化活性；同时虾青素分子两端各连接有一个紫罗兰酮环，每个紫罗酮环上含有羟基和酮基，这种独特的分子结构使它可以从内到外与细胞膜相连，其多烯链可以捕获细胞膜中的自由基，末端环可以清除细胞膜表面和内部的自由基，表现出比其他类胡萝卜

素更好的生物活性。但这种结构也使虾青素更容易受到光、热、氧等作用而遭到破坏，影响其稳定性。研究表明，南极磷虾虾青素的纯品是暗红棕色粉末，熔点215～216℃；不溶于水，易溶于二氯甲烷、氯仿、二甲基亚砜、丙酮、苯、吡啶等有机溶剂；但在不同有机溶剂中的溶解度有差异。南极磷虾虾青素优异的功能特性，无需人工养殖、巨大而相对稳定的生物资源量使其成为天然虾青素开发利用的良好选择。

一、南极磷虾虾青素的生物活性

南极磷虾虾青素的生物活性是其结构特征的反映。虾青素在体内通过淋巴系统输送到肝脏，与胆汁酸混合，在小肠内形成胶束，胶束被肠黏膜细胞部分吸收，将虾青素整合到乳糜中。含有虾青素的乳糜在全身循环中释放进入淋巴后，被脂蛋白脂肪酶消化，乳糜残余物被肝脏和其他组织迅速清除。虾青素的吸收取决于与其一起摄入的食物成分（如脂质的含量和种类）；高脂饮食可以增加虾青素的吸收，低脂饮食则减少其吸收。丛心缘（2019）开展的 D-半乳糖致衰老小鼠抗衰老试验结果表明，南极磷虾虾青素的抗氧化活性优于合成虾青素。目前，关于南极磷虾虾青素在体内消化、吸收、转运及代谢过程的研究还较少，针对不同分子结构虾青素在生物体内的消化吸收过程及其作用机制研究则更是鲜见报道，今后将会开展更多的深入研究。

二、南极磷虾虾青素的发展现状及趋势

南极磷虾虾青素因其天然来源的属性、巨大的生物资源量、良好的功能特性受到广泛关注。近年来，南极磷虾虾青素研究取得了重要进展，但整体上与雨生红球藻等来源虾青素相关研究相比还有一定差距，主要存在如下问题：南极磷虾虾青素作用机制不明确，新功能/新活性有待深入发掘；制备技术仍以传统方法为主，产品得率较低；虾青素稳定性及有效载体相关研究薄弱等。针对上述问题，建议未来主要加强以下几方面的工作：

（1）机理方面 深入阐明南极磷虾虾青素的抗氧化、免疫调节及代谢机理，发掘其特有的功能特性及作用机制，揭示南极磷虾虾青素及其异构体的体内吸收、转运、选择、代谢路径，丰富和完善南极磷虾虾青素安全性评价，尤其是穿透血-脑、血-视网膜屏障的生理机制，阐明其功效的物质基础。

（2）技术方面 开发南极磷虾虾青素的温和、绿色、环境友好型制备关键技术，研究替代传统有机溶剂、强酸强碱法等制备技术；高效、精准的虾青素

异构体分析分离技术；积极引入微波、超声等新型技术，提高南极磷虾虾青素规模化制备效率和精准获得目标产物的能力，开发适宜于商业化开发的技术体系。

（3）应用方面　基于南极磷虾虾青素的结构特征和理化特性，开展南极磷虾虾青素在复杂应用体系生物活性、稳态化保持和生物利用度技术研究；优选虾青素有效载体，有效解决南极磷虾虾青素的稳定性、靶向性以及缓释性能的瓶颈问题；积极拓展南极磷虾虾青素在食品、饲料、营养品、化妆品和药品等领域的利用。

第二章　虾青素的生理作用

第一节　虾青素的抗氧化作用

一、水产动物的抗氧化系统

自由基是需氧生物有氧呼吸的产物，它可对机体的生物大分子（脂肪、蛋白质和 DNA 等）造成损伤，诱发氧化应激，致使机体衰老、患病。正常情况下，生物体可以通过抗氧化防御系统来维持自由基的产生与清除的动态平衡。与陆生动物一样，水产动物也在进化中拥有了一整套抗氧化防御系统来保护机体免受氧化损伤，它们由酶类抗氧化系统和非酶类抗氧化系统组成。

1. 酶类抗氧化系统

超氧化物歧化酶（superoxide dismutase，SOD）是生物体内广泛存在的抗氧化酶，是自由基清除的第一物质。根据金属辅基的不同，可分为铜锌超氧化物歧化酶（Cu Zn-SOD）、锰超氧化物歧化酶（Mn-SOD）、铁超氧化物歧化酶（Fe-SOD）。Cu Zn-SOD 常存在于叶绿体、原生质、质外体和过氧化物酶体中，Mn-SOD 位于线粒体和过氧化物酶体中，Fe-SOD 则主要存在于叶绿体中，过氧化物酶体可少量检测到 Fe-SOD（Han et al.，2007；Tokio et al.，2010）。三种 SOD 都可以直接作用于氧自由基，使之变成过氧化氢和氧气，在维持生物体体内活性氧的动态平衡中起着重要作用，其活性的高低反映了机体清除自由基的能力。

过氧化氢酶（catalase，CAT）是一种含巯基的结合酶，是生物体重要的末端氧化酶，按照催化中心的不同，把它分为铁过氧化氢酶（Fe CAT）和锰过氧化氢酶（Mn CAT）。它可有效中和 SOD 产生的过氧化氢，使之变成无毒害的水和氧气，阻断过氧化氢在铁螯合物的催化下与氧反应生成有害的羟基（刘灵芝等，2009）。此外，生物体内的氨基酸、嘌呤和尿酸等在相应的催化酶作用下也可产生大量过氧化氢，过氧化氢酶的存在无疑显得极其重要。有研究表明，CAT 具有高效的催化能力，0℃下 1 个分子的 CAT 可将 2 640 000 个分子的过氧化氢 1min 之内分解。目前，CAT 已在食品、制造业、农业和环保业上广泛应用。王隽媛（2010）曾报道，环境胁迫会使鱼体内 CAT 活性升高，测定其 CAT 活性的变化，可以评价污染物对水生动物的影响。谷胱甘肽过氧化酶（glutathione peroxidase，GPX）是以硒半胱氨酸为活性中心的过氧化物分解酶，在线粒体和细胞液中广泛存在，能有效清除过氧化氢和脂氢过氧化物，对阻断超氧化阴离子细胞类脂过氧化而损害组织细胞和由脂氢过氧化物引发自由基的二级反应有重要作用。Oliveros 等（2000）研究发现，该酶活性的降低，会引发自由基和过氧化物的积累，最后导致脂质和细胞膜氧化损伤。GPX 家族包含血浆 GPX、细胞质 GPX、磷脂氢过氧化物 GPX 和胃肠道专属 GPX 四种同工酶，它们分别都在各自的部位发挥着清除作用，共同让机体免受氧化损伤。此外，韩增虎（2012）还曾报道，GPX 在调节前列腺素合成和干扰体内亚硝酸盐的合成上也能发挥作用。谷胱甘肽硫转移酶（Glutathione S-transferase，GST）又称无硒谷胱甘肽过氧化酶（non-GPX），在解毒和抗氧化上具有重要作用。研究发现，GST 能催化某些内源性或外源性有害物质的亲电基团与 GSH 的巯基结合，形成更易溶解的、无毒的衍生物，使毒物更易于排出体外或被Ⅲ相代谢酶分解，在生物体处于不良境况时，为保护机体免受逆境损害，GST 常被激活来发挥解毒和抗氧化作用。Lopes 等（1997）报道，采自铜矿废水污染水域的淡水鱼其肝脏谷胱甘肽硫转移酶的活性高于清洁水域。陈荣等（2002）将牡蛎暴露于柴油水溶性成分中发现，消化腺和鳃谷胱甘肽硫转移酶活性随暴露时间的延长先被诱导后逐渐下降，并存在一定的剂量-效应关系；解除暴露后，谷胱甘肽硫转移酶活性恢复到对照组水平。可见，水生动物体内 GST 的变化可作为水域污染的指示指标。

2. 非酶类抗氧化系统

酶类抗氧化系统常在生物体内组成初级抗氧化系统，而非酶类抗氧化系统则组成二级抗氧化系统，它们相互依存、共同促进，一起承担起抵御氧化损伤的作用。非酶类抗氧化系统主要由脂溶性（维生素 E、胡萝卜素、辅酶 Q 等）、水溶性（维生素 C、谷胱甘肽等）、蛋白类（清蛋白、金属硫蛋白、转铁蛋白等）以及微量元素（硒、锌等）抗氧化剂组成。这些抗氧化剂既可以内部合成又可以从外界获取，它们在清除自由基的同时，也会产生新的自由基，生成稳定性好、活性低的自由基（孙全贵等，2016）。谷胱甘肽在清除自由基时会生成氧化型谷胱甘肽，氧化型谷胱甘肽是一种活性更低的自由基，而谷胱甘肽还原酶又可以把氧化型谷胱甘肽还原中和，如果氧化型谷胱甘肽大量积累且长时间得不到清除，它就会攻击周围的组织，使脂肪氧化、蛋白质羧基化（程时和丁海勤，2002）。此外，研究发现，虽然谷胱甘肽是一种良好的抗氧化剂，但在高浓度时会对细胞产生毒性，表现出促氧化性。β-胡萝卜素在低氧下对自由基有很好的清除作用，但在高氧下却表现出自身促氧化性。因此，抗氧化剂在某种特定条件下可能会成为促氧化剂。

抗氧化活性是虾青素最重要的生理功能，其作为一种良好的抗氧化剂，在淬灭单线态氧方面起到非常重要的作用。在虾青素的分子结构中，共轭双键、羟基和不饱和酮基在共轭双键链上数目较多，羟基和酮基形成 α-羟基酮，这些结构都具有比较活泼的电子效应，可以将自由基吸引到未成对电子或向自由基提供电子，这表明虾青素的结构特征使其易于与自由基反应，清除自由基，发挥明显的抗氧化作用。

二、虾青素抗氧化活性机制

1. 淬灭单线态氧、清除自由基

清除羟自由基、淬灭单线态氧的能力是天然产物抗氧化性的重要检测指标。体内过氧化物负离子与过氧化氢反应会生成羟自由基，而羟自由基能杀死红细胞和降解 DNA、细胞膜与多糖化合物，随着羟自由基清除剂加入，有害作用可明显降低。研究表明，虾青素淬灭单线态氧的能力强于叶黄素、β-胡萝卜素和其他类胡萝卜素，甚至比维生素 E 强 500 倍。随着虾青素共轭双键数目的增加，其淬灭活性氧的能力也随之加强。

类胡萝卜素羟基极性构型的活动性在整合入膜双分子层的时候会受到限制，阻碍其多聚烯链和单线态氧反应，因此，同时含有羟基和酮基结构的虾青素就表现出较高的抗氧化活性。虾青素中的酮基能激活羟基并促进氢向过氧化物自由基上转移，使虾青素的抗氧化活性较强；在 4 与 $4'$ 位置上的酮基也会提高虾青素的抗氧化性能，这可能会导致沿着多烯链上的电子密度发生实质性变化，特别是自由基最可能进攻的靠近环的一端。

2. 降低膜通透性，限制氧化剂渗透进细胞内

通过大量的体外试验，发现虾青素分子的极性末端横跨细胞膜，可以大大提高细胞膜的稳定性和机械强度，降低膜的通透性，并限制过氧化物启动子如过氧化氢、叔丁基过氧化氢和抗坏血酸等进入细胞内，避免细胞中重要分子受到氧化损伤。

3. 增加抗氧化酶活性

研究发现，在培养的成骨细胞中，分别添加不同浓度的虾青素来孵化抑制过氧化氢诱导的氧化应激，结果表明虾青素可通过激活细胞内抗氧化系统保护细胞免受氧化损伤。其又分别用不同剂量的虾青素饲喂 D-半乳糖诱导的衰老

大鼠，测定其脏器丙二醛（MDA）含量和超氧化物歧化酶（SOD）、谷胱甘肽过氧化物酶（GSH-Px）活性，结果与模型对照组比较，发现虾青素摄入最低剂量组明显降低了大鼠各脏器组织 MDA 产生，提高了 SOD 和 GSH-Px 酶活性。

4. 降低 DNA 的氧化损伤

研究发现，8-羟基鸟嘌呤可作为 DNA 氧化损伤的标志物，而 Edge 等（1998）研究表明，虾青素、β-胡萝卜素、玉米黄质和番茄红素均能降低鸟嘌呤核苷被氧化的水平（通过查阅文献，只是发现虾青素与这些色素都能降低鸟嘌呤被氧化的水平，暂时还没有相关能力的比较）。Lyons 等（2002）评价了虾青素对 UV-A 诱导人皮肤成纤维细胞、黑素细胞和肠 Caco-2 细胞中 DNA 突变的保护作用，试验结果表明，在 UV-A 辐照前，用 $10\mu mol/L$ 虾青素预孵育上述 3 种细胞均可明显降低其 DNA 的损伤。

三、虾青素抗氧化研究进展

虾青素的分子结构中含有比较活泼的电子结构。大量研究表明，虾青素能够增强抗氧化酶活性，抑制促氧化酶活力。大鼠饲料里添加虾青素，大鼠血液超氧化物歧化酶（SOD）、过氧化物酶（CAT）以及过氧化物酶（POD）的活性明显增强，表明虾青素有极强的抗氧化能力（Ranga et al.，2010）。赵子续等（2017）以锦鲤为试验对象，在基础饲料中添加虾青素和万寿菊粉，发现当饲料中添加 0.04% 虾青素和 0.76% 的万寿菊粉，SOD 和 CAT 活性最大，丙二醛（MDA）含量最低。Brambilla 等（2016）投喂虹鳟含有虾青素的饲料 50d，鱼肉中虾青素的浓度升高，且 MDA 的浓度显著下降，MDA 水平随着虾青素浓度的增加呈显著下降，研究结果证实虾青素是一种很好的抗氧化剂。关献涛（2017）研究在饲料中添加叶黄素、虾青素和β-胡萝卜素，测定对东星斑的抗氧化功能，研究发现，随着上述 3 种物质添加量的增加，东星斑肝脏中 T-AOC、SOD 和 GPX 活性随着升高，但是肝脏 MDA 含量明显下降，这表明虾青素对东星斑有明显的抗氧化作用。还有研究以凡纳滨对虾、血鹦鹉（牟文燕等，2014）、中华绒螯蟹（麻楠等，2017）为研究对象，饲养时投喂添加适量的虾青素，养殖一段时间后发现动物体内的抗氧化酶的活性显著升高，而促氧化酶活性显著下降，这充分表明了虾青素在水产动物上的抗氧化作用。但是，虾青素的抗氧化功能并不稳定，容易受到温度、光照和盐度等胁迫的影响。有研究指出在光照或者加热的条件下，虾青素的结构会由反式变成顺式，从而影响其抗氧化功能（Liu et al.，2018）。江红霞等（2015）研究发现随着光照周期的延长，虾青素的积累量、抗氧化能力呈升高趋势，MDA 含量先升高后下降，在 16L：8D 光照周期下，MDA 含量最大。另外，江红霞（2017）也研究了盐度胁迫对虾青素积累和抗氧化能力的影响，试验结果表明适宜浓度的盐度和作用时间会促进虾青素的积累，这可能是通过提高虾青素合成有关的酶的基因表达，从而促进虾青素的积累，虾青素和抗氧化系统共同保护雨生红球藻免受盐度胁迫带来的损伤。

第二节　虾青素的免疫调节作用

鱼类的免疫系统主要是由免疫器官、体液免疫和细胞免疫组成。它是鱼类执行免疫应答的组成部分，鱼类在进行防御病毒、病菌侵害和维持自身稳定时，主要行使的是非特异性免疫和特异性免疫。近年来，随着水产疾病的暴发，人们对水产动物的免疫系统的研究越来越重视，它已成为一门新的学科，受到国内外研究者的关注。

一、鱼类的免疫器官和组织

脾脏、胸腺和肾脏以及淋巴组织是鱼类的主要免疫器官和免疫组织。

1. 脾脏

鱼类的中性血细胞、红细胞以及粒性白细胞产生、贮存和成熟的场所主要是脾脏。软骨鱼和硬骨鱼相比，软骨鱼的脾脏较大，内含有椭圆体，可以明显地区分为白髓和红髓，而白髓又分为椭圆体和黑色素巨噬细胞，它能为鱼类粒性白细胞、淋巴细胞和黑色素巨噬细胞等提供细胞产生、成熟和贮存的主要场所。黑色素巨噬细胞有强的吞噬能力，能够吞噬血液中的异物，它的作用类似于肾脏。硬骨鱼的脾脏不如软骨鱼的脾脏发达，红髓和白髓并不能明显地区分开来，但免疫和造血功能还是存在的（Fournier et al.，2000）。当鱼类受到抗原刺激时，脾脏和其他免疫器官的黑色素巨噬细胞都会增多，抗体和淋巴细胞也聚集在共同参与细胞的炎症反应和体液免疫反应，破坏、贮存外源性和内源性的异物，还能保护机体免受自由基的损伤（Boudinot et al.，1988；Graham et al.，1990）。鱼类的脾脏免疫系统中发挥的作用和功能与脊椎动物的淋巴细胞发生中心有一定的相似之处。

2. 胸腺

胸腺细胞、结缔组织和原始淋巴细胞组成的致密器官被称作鱼类的胸腺，从结构上由外到内可以分为外区、中区和内区三个部分，在结构上内区和外区与高等脊椎动物的髓质和皮质有一定的相似之处。胸腺的位置处于鳃腔后部，有一层上皮细胞与咽腔隔开，隔开的好处就是可以阻止一些外来物质进入胸腺。胚胎时期的咽囊发育成胸腺，一般被认为是中枢免疫器官，为淋巴细胞增殖、分化和成熟提供了主要场所，胸腺还能产生外周淋巴器官和血液中的淋巴细胞（Chilmonczyk，1992）。T 细胞的成熟与之也有密切的关系，承担着重要的细胞免疫功能，有研究报道胸腺存在浆细胞、B 细胞和空斑形成细胞，表明机体的体液免疫应答有胸腺的参与（Ortiz and Sigel，1971）。在虹鳟上的研究发现胸腺还参与了细胞免疫，在超敏反应中，胸腺细胞数量明显增多（Bartos and Sommer，1981；Romano et al.，1997）。胸腺在免疫反应中起到重要作用，当切除胸腺时，会发现鱼体的排斥反应和抗体产生明显减少（Maning et al.，1988）。也有报道称胸腺细胞会在应激和环境胁迫等作用下出现退化现象。有研究报道指出草鱼在生长初期，胸腺发育较快，但是随着年龄的增长，达到 2 龄以上的草鱼胸腺会出现退化现象（卢全章，1991）。

3. 肾脏

头肾、中肾和后肾组成了鱼类的肾脏，是鱼类重要的免疫器官。头肾顾名思义就是靠近头部的那部分肾脏，在围心腔上方的背部，组成头肾的细胞主要包括颗粒细胞、单核细胞、淋巴细胞和少量的黑色素巨噬细胞等细胞组成。粒细胞和造血细胞生成的细胞群中有散落的 B 淋巴细胞分布，血管和黑素巨噬细胞又与 B 淋巴细胞相连，它们在免疫防御中起到互相协调的作用（Boudinot et al.，1998）。根据颗粒细胞和淋巴细胞的分布，颗粒细胞聚集区和淋巴细胞聚集区组成了鱼类头肾的两大类聚集区。草鱼的头肾既含有颗粒细胞聚集区又有淋巴细胞聚集区（岳兴建等，2004）。鲤的头肾大部分为淋巴细胞聚集区，仅有特别少量的颗粒细胞集聚区存在（徐晓津等，2008）。头肾没有排泄功能，但还是具备一定的造血和内分泌功能；而后肾则是主要排泄器官，但也有一小部分的造血和免疫功能。当鱼类受到抗原刺激时，头肾和中肾细胞会出现增生现象，这可以促进机体产生抗体，但是头肾在没抗原刺激的情况下，也能够自主产生 B 淋巴细胞和红细胞，鱼类头肾和哺乳类动物的骨髓有着相似的功能（Baba et al.，1988）。硬骨鱼类的头肾和中肾也会产生抗体，这已通过免疫酶技术检测并验证。另有研究表明，头肾的重量在一定程度上还能够反映鱼的生长情况（卢全章，1998）。

4. 淋巴组织

鱼类除了上面提到的免疫器官外，淋巴组织也是免疫系统的重要组成部分，主要分布在黏液组织中，比如鳃、消化道和皮肤等部位，但这些组织构成的淋巴结构并不完整，因此这部分仅被称为与黏膜有关的淋巴组织。组成它的细胞包括巨噬细胞、淋巴细胞和各种粒细胞，这些细胞在鱼类的免疫系统中都起着重要作用。当有抗原刺激鱼类时，巨噬细胞承担着抗原呈递的作用，然后细胞分泌特异性抗体和一些溶菌酶、转移因子、几丁质酶和其他的酶类共同组成有效的防御系统，保护机体不受损害（张永安等，2000）。

二、细胞免疫

机体内和免疫有关联的细胞都可以称作免疫细胞，主要可以分为两大类：一类是淋巴细胞，另一类是吞噬细胞。

1. 淋巴细胞

组成淋巴细胞的主要是 T 淋巴细胞和 B 淋巴细胞，在机体免疫过程中它们的作用机制并不相同。T 淋巴细胞参与的主要是非特异性免疫，其作用机制主要是通过直接发挥杀伤作用或者分泌一些细胞因子来调控免疫的；而 B 细胞主要在特异性免疫中发挥作用，它是通过分泌抗体来保护机体不受或少受损害的。鱼类胸腺和头肾中都有大量 T 淋巴细胞和 B 淋巴细胞的分布。对大菱鲆和海鲈肠道黏膜免疫的研究发现，T 细胞主要分布在肠道黏膜和黏膜下层，而 B 细胞在固有层分布并参与黏膜免疫应答（Fournier et al.，2000；Secombes et al.，1980）。

2. 吞噬细胞

机体中巨噬细胞、单核细胞和各类粒细胞是吞噬细胞的主要组成成分，粒细胞又包括嗜酸性、嗜碱性和中性粒细胞，无论在特异性免疫和非特异性免疫中它们都发挥着重要作用。嗜酸性粒细胞有较强的吞噬作用，参与抵御病菌、病毒等对机体的侵害，参与调节机体的免疫反应。在杀菌和杀灭幼虫方面，鱼类的吞噬细胞也起到了重要作用（Reite，1998），不过这种杀伤力还和细胞的氧化物产生有关，这是因为氧化物的产生会受制于结合在细胞膜上的一种酶，这会使分子氧减少，并产生超氧根离子，超氧根离子会使细胞的杀伤力加强，目前又发现某些蛋白、多肽和一些脂糖类物质都会使吞噬细胞的形态结构、吞噬能力和分泌物增多。

（1）巨噬细胞　在鱼类机体的大多数组织中都有巨噬细胞的存在，并且它有不同种类的亚型。在一些免疫应答过程中，巨噬细胞对病菌的杀伤作用主要是通过刺激机体分泌免疫球蛋白和补体等细胞因子，由于这些物质都有特异性，能够识别病原菌，还能刺激机体分泌一些像二十碳四烯酸等这类具有免疫效应的物质来调节免疫活性。巨噬细胞表面的细胞膜上还有碳水化合物，这也有助于其对微生物的识别和杀害作用。在一些炎症反应中，巨噬细胞还有分泌防卫素、酶等物质的作用。另外，巨噬细胞表面的组织相容性复合体在免疫反应中可以对一些抗原起到呈递作用，进一步对淋巴细胞和免疫应答起到调节作用。现已发现，许多物质比如一些蛋白、干扰素和一些脂多糖等都可以改变巨噬细胞的形态，还能调节细胞的分泌作用，并增强免疫应答功能（Dalmo et al.，1997）。最近研究发现，鱼类巨噬细胞中凝集素和黑色素的检测结果可以作为衡量环境污染状况和鱼类健康水平的重要标志（Secombes et al.，1980）。

（2）单核细胞　鱼类的单核细胞活动比较活跃，血液中的杂质和一些衰老的细胞可以被其吸附或吞噬，因此单核细胞内含有比较多的细胞液和吞噬物（Morrow and Pulsford，1980；Suzuki，1986）。它主要在造血组织比如胸腺和头肾中产生，但是随着血液可以进入不同的组织中，并发育成不同的组织巨噬细胞。所有硬骨鱼的血液中都广泛含有单核细胞，正常情况下血液中单核细胞的数量在一定程度上可以反映鱼类的健康状况，但机体受到细菌感染、环境污染或者疾病时，血液中粒细胞的数量就会增多，这可能与鱼的内分泌系统有关。

（3）粒细胞　鱼类的粒细胞有嗜酸性、中性和嗜碱性三种，这是根据细胞形态的不同所划分的。也不是所有的鱼类都含有这 3 种粒细胞，比如鲑鳟类中只含有中性粒细胞；嗜碱性粒细胞在鱼类中并不常见，这可能与嗜碱性粒细胞在检测制片过程中容易解体，观察比较困难也有一定的关联，因此对鱼类嗜碱性粒细胞的功能尚无研究，且只有在很少鱼中发现了这类细胞。中性粒细胞有一定的吞噬和杀伤力，但是与单核细胞相比，其吞噬能力较弱（Siwicki and Studnicka，1987）。有研究发现，在应激情况下中性粒细胞会发生趋化性和化学发光性现象（Ainsworth，1992）。嗜酸性粒细胞在机体防御方面发挥着重要作用，这与它的吞噬活性较强有关，特别是在细菌或者寄生虫感染的情况下，此细胞发挥较强吞噬作用。

三、鱼类免疫因子

特异性免疫因子和非特异性免疫因子两大类因子是鱼类免疫因子的重要组成部分。

1. 特异性免疫因子

机体的特异性免疫主要是指当机体受到抗原刺激时，会出现淋巴细胞的分化增殖，并伴随免疫球蛋白产生的过程。IgM 是鱼类体内含有的一种特异性免疫因子，它不仅存在于血液和组织液中，在肠道、鳃和皮肤等组织也有存在。鱼类的浆细胞是分泌到血清中的免疫球蛋白的主要细胞，与哺乳动物相比，鱼类的血清中的 IgM 含量更高。当鱼类机体受到抗原应激时，免疫细胞发挥作用并伴随免疫球蛋白的产生，在体内发挥免疫功能，调节免疫应答。目前的研究表明，在很多种类的鱼体内都分离到了免疫球蛋白。软骨鱼体内还有两类抗体，一种为大分子的和人类的 IgM 相同，相对分子质量为 90ku；还有一种是小分子的，其中相对分子质量为 18ku。研究证实真骨鱼类的 IgM 和哺乳动物的 IgM 有类似之处。一条重链和一条轻链组成了鱼类的抗体 IgM，并且血清中的 J 链再把它们连接成四聚体的结构，当然也有鱼类的抗体中也会缺少 J 链。IgM 在体内沉淀后除了有 16S 和 19S 外，还有存在一些 6.4S 和 7S 的单聚体 IgM 类型。真骨鱼抗体的相对分子质量一般在 19ku，但有的也存在一些相对分子质量比较特殊的 IgM，比如 22ku、24ku、26ku。Lobb 和 Clem 等（1981）的研究也指出了鱼类会含有一些分泌型蛋白（IGS），这些蛋白主要是由皮肤和胆汁分泌产生。外界的环境因素会对免疫球蛋白的半衰期造成影响，比如温度等，在适宜高温应激条件下免疫球蛋白就会不断合成，这样半衰期就较长。鱼类产生抗体需要较长的时间，这是因为免疫应答需要较长的记忆时间，冷水鱼表现得更为明显。

2. 非特异性免疫因子

非特异性免疫因子主要存在于鱼类的血液或者鱼类黏液中，主要包括一些溶菌酶、补体、微生物生长抑制物、抗菌肽、凝集素等物质，它们有的可以直接分解细菌或真菌，有的可以抑制细菌复制或者作为调节物质增强特定细胞的吞噬活性。

（1）溶菌酶　溶菌酶可以分解细菌或真菌，主要存在于血液、黏液和巨噬细胞中，中性粒细胞和单核细胞分泌的溶菌酶主要存在于血液中，但是黏液中的溶菌酶是如何来的还尚不清楚。溶菌酶是考察机体免疫能力的一个重要指标，它活性的大小能够比较真实地反映机体免疫状况和健康程度，溶菌酶主要是通过破坏细菌细胞壁上的糖苷键来发挥作用的，因此它对一些细菌有很强的杀伤作用，试验证明它在非特异性免疫、防御外来细菌侵染中都发挥着重要作用（Alexander and Ingram，1992）。溶菌酶有增强鱼类免疫活力、抗感染和促进免疫细胞吞噬活力的作用。鱼类的溶菌酶在免疫防御系统中发挥着重要的作用，与脊椎动物相比，鱼血液中溶菌酶有更强的杀伤力，并会随着感染或胁迫加强（Nakayama et al.，2007）。溶菌酶的活性还和环境因素有关，在一定范围内随着温度升高它的活性也会加强，夏季活性要比冬季高。

（2）补体　鱼类免疫系统中补体也是重要组成部分，它既参与了机体的特异性免疫又参与非特异性免疫。补体的种类比较多，包括一些受体、酶和酶抑制因子等。补体主要是由一些多糖分子组成，由巨噬细胞、肝细胞和一些黏膜细胞分泌产生，它可以通过细胞溶解的方法来杀灭有害菌，也可以通过促进细胞的吞噬活性来调节免疫应答。鱼类补体系统有经典、旁路和凝集素途径三种激活方式。经典和旁路这两种激活途径的主要区别是经典激活途径需要抗原的激活，而旁路途经不需要抗原的激活；凝集素激活途径主要是通过微生物细胞表面的蛋白复合体与甘露糖凝集素相关的蛋白酶结合，在细菌表层形成碳水化合物群，进而调节机体免疫。补体的生物学功能主要有免疫调节、溶解细菌细胞、增强细胞的吞噬活性以及介导炎症反应。和哺乳动物的补体相比，鱼类的补体系统有特异性、多样性以及不稳定性等特点。C3 是补体系统的组成成分，它既可以通过经典途径也可以通过旁路途径激活。硬骨鱼的补体系统和高等动物有很高的相似性。

（3）微生物生长抑制物　微生物生长抑制物包括血浆转干扰素、铁蛋白、铜蓝蛋白和金属硫蛋白等，它的作用机制是可以竞争性地夺取微生物生长所需要的营养，或者通过阻断其细胞内的一些代谢途径，使病原菌的细胞功能发生紊乱，最终起到保护机体健康的作用。

干扰素的相对分子质量在 20ku 左右，包括Ⅰ型和Ⅱ型两种，主要是通过抑制病毒的复制来发挥抗病毒的作用。成纤维细胞和白细胞产生的主要是Ⅰ型干扰素；但是细胞分裂素通过刺激 T 细胞产生的是Ⅱ型干扰素，Ⅱ型干扰素既有抗病毒作用，还能激活巨噬细胞，产生免疫应答反应。干扰素是一种重要的细胞因子。目前，鱼类中对大西洋鲑、斑马鱼、金娃娃鱼等的干扰素基因进行了克隆和研究。

鱼类血清转铁蛋白是体内铁的"搬运工"，不同品种的鱼转铁蛋白有很强的特异性，它的主要作用是转运铁供给红细胞，然后形成血红蛋白。转铁蛋白结合铁的能力很强，而铁又是微生物生长、繁殖和代谢的必需元素，因此当体内的转铁蛋白存在时，微生物生长便会受到抑制。另外，转铁蛋白对细菌表面的膜蛋白有一定的破坏作用，从而起到杀菌作用（Turener，1994）。铜蓝蛋白的作用是将低价的铁离子转化成高价的铁离子，然后再结合到转铁蛋白上，加速铁的转运，这样微生物能利用的铁就减少了。金属硫蛋白通过结合巨噬细胞，能起到信号传递的作用，并加强巨噬细胞的作用，使巨噬细胞释放更多的活性物质用来杀灭细菌。

（4）抗菌肽　抗菌肽是鱼体非特异性免疫系统的重要组成部分，它的结构复杂，存在形式多式多样，同源性也较低。它主要可以分为以下四种类型：第一类是无半胱氨酸形成 α 螺旋结构的抗菌肽，α 螺旋有利于其穿过细胞膜，并发挥抗菌活性的作用；第二类是有半胱氨酸的 α 折叠结构，这类抗菌肽的结构和哺乳动物的防御素有相似之处；第三类是水产动物中鱼类所特有的组蛋白样蛋白；第四类是被糖基化或者酰基化修饰之后的抗菌肽。抗菌肽在体内有分泌速度快、灵敏度高等特点，当鱼类受到病原菌或者病毒入侵时，机体能够快速反应并产生抗菌肽来抵抗病原菌带来的危害，并有杀伤病原菌的作用（Lehrer and Ganz，2002）。对抗菌肽功能和活性的研究一般在体外进行，并且一些特异的抗菌肽在其他动物上也有杀菌作用。抗菌肽主要是通过细胞膜起作用，抗菌肽和细胞膜作用模型可以分为"桶-桶板"模型和"地毯"模型。"桶-桶板"模型首先是细胞膜外部结构被静电扰乱，然后转到膜脂双分子中，积累到一定程度后，聚成"桶"样，最后膜上形成离子通道并使一些离子顺着通道流失，细菌则由于渗透压的改变而死亡。"地毯"结构并没插入到细胞膜内，而是通过静电的作用，在细胞表面靠分子张力和疏水作用使膜表面分子的排列被扰乱，细胞的结构和功能也被改变，最后起到杀菌作用（Pouny et al.，1992）。除了这两种作用模型外，Paul 等（1998）研究发现抗菌肽还可以通过酰基化后直接进入细胞，直接与胞内的 DNA 或 RNA 结合，破坏细胞结构，最终起到抗菌作用。

（5）凝集素　凝集素是一种糖蛋白，能促进细胞凝集并有转移活性的作用，是构成鱼类天然免疫因子的一个重要组成部分。凝集素的类型主要有 C 型凝集素、半乳凝集素、L-鼠李糖结合凝集素和 Lily 型凝集素这四种类型。在日本鳗鲡中最早发现了 C 型凝集素，研究表明 C 型凝集素能够抑制细菌进入机体内，或者是促进机体表面分泌黏液，把细菌冲洗掉，发挥其保护机制（Tasumi et al.，2002）。半乳凝集素是在康吉鳗中分离得到的，研究发现半乳凝集素有很强的抵抗病原菌的能力，能够使链球菌或者一些致病菌凝集，是黏液防御因子的主要组成成分之一。从颈带鲾体内提取了 L-鼠李糖结合凝集素，并发现它有特异性凝集现象，这类凝集素只存在于体表的黏液中，而在鳃、肠、肝脏等组织中都不存在，这类凝集素对细菌有很强的凝集作用，防止细菌进入机体，从而对机体起到保护作用。Lily 型凝集素是从红鳍东方鲀中提取得到的，广泛分布在食管、鳃和口腔中，这类凝集素可以对寄生虫发生凝集作用，可以对鱼体内的寄生虫起到天然防御作用。另外，在鱼类黏液里还有一些未命名的凝集素。研究发现，嗜水气单胞菌经过凝集素处理之后，很容易被补体杀灭，且凝集素对致病菌有显著的灭活作用（Fock et al.，2001）。

（6）IL-6 因子　IL-6 是一种重要的与炎症反应有关的细胞因子，具有多种功能，在机体的急性应激反应、免疫应答调控和造血过程中都发挥着重要作用。在免疫调控过程中，经过抗原刺激，一些免疫细胞可以合成和分泌 IL-6 细胞因子，促进机体的免疫应答，增进机体的防御功能，最终达到保护自身的目的。IL-6 还可以和其他的细胞因子相互作用，比如 TNF-α、IL-1β，它们之间形成复杂的调控网，共同调控机体的免疫反应，构成防御屏障（Haegeman et al.，1986；Mehier et al.，1997；Vagela，2012）。IL-6 细胞因子不仅能促进 T 细胞的增殖和分化，还能诱导 B 细胞分化并分泌抗体。研究指出，LPS 和肝炎病毒能够诱导巨噬细胞分泌 TNF-α 和 IL-6，促进机体的免疫机能（Takai et al.，1988；Huggett et al.，1989；Hiano，1998）。IL-6 细胞因子也参与神经系统调节，并发挥了重要的作用，炎症反应和细胞发育过程都会产生 TNF-α、IL-1β、IL-6 细胞因子以及它们的受体（Szelényi，2001）。陈耿等（2010）研究报道发现，IL-6 在病毒性抗原刺激之后出现了明显的上调现象，但之后又出现下降现象。至今为止，关于鱼类的 IL-6 的报道较少，这可能是因为鱼类 IL-6 的同源性和其他动物的同源性较低。河豚、虹鳟等水产动物的 *IL-6* 基因已被分析克隆，证明了硬骨鱼中此基因的存在（Kono et al.，2008）。在虹鳟上的研究表明 *IL-6* 基因还诱导了抗菌肽-2 基因的表达，但是下调了 IL-1 和 TNF-α 的表达，这些结果表明 *IL-6* 基因对机体的炎症反应有重要的调节作用（Wang et al.，2011）。对金头鲷的研究发现在细菌感染之后，*IL-6* 基因在不同组织的表达都有上调现象（Castellana et al.，2008）。

（7）其他免疫因子 在鱼类中，还存在其他的一些免疫因子，比如急性蛋白、几丁质酶和溶血素等。急性蛋白是一类能与细菌、真菌和寄生虫表面的磷酸酯和糖类发生反应并生成沉淀，从而降低病菌毒性的一类物质，这样更利于吞噬细胞对其进行攻击（Baldo and Fletcher，1973）。同时，它还能激活经典补体途径来调节吞噬细胞的吞噬作用和迁移，并能辅助补体对自身老化的细胞进行清除（Leiro et al.，1997）。溶血素是一些小分子的蛋白质类物质，在血清中能够溶解一些异源的红细胞。几丁质酶存在血液、脾和一些组织液中，它能破坏病原菌细胞壁结构的 N-乙酰基-D-葡萄糖胺，因此能够起到保护机体不受病原菌侵害的作用（Fletcher，1982）。

四、虾青素的免疫增强作用

研究发现，虾青素能显著提高机体免疫功能，这包括增强机体细胞免疫（cellular immunity）和体液免疫（humoral immunity）能力。在增强机体细胞免疫方面，虾青素可增强 Th1 和 Th2 细胞特异性免疫反应，增加 CD3$^+$、CD4$^+$、T 辅助细胞的数量，增加中性粒细胞的数目用以包围细菌并分泌降解细菌的酶，增强白细胞介素-2 和干扰素 γ 的能力，增加自然杀伤细胞的数目以消除机体内被感染的细胞。在增强机体体液免疫方面，虾青素可增强 B 细胞的活力，增强体液免疫，提高血清补体活性，刺激分泌 IgM 和 IgG 等免疫球蛋白的细胞数量增加，增强机体脾淋巴细胞功能和特异性体液免疫反应。虾青素还可刺激细胞分裂和具有重要的免疫调节作用，故可作为免疫增强剂使用。

五、虾青素增强水产动物免疫方面的研究进展

虾青素能显著提高身体的免疫功能，抵抗炎症，这种免疫增强功能结合抗氧化功能，增强机体的健康程度，预防疾病的发生。有研究表明，虾青素可缓解由衰老造成的免疫力低下，提高免疫器官的免疫功能，增强机体对抗外界环境的变化。最主要的是虾青素能增强吞噬细胞的数目，增强 T 细胞的功能，参与免疫过程，虾青素还能增强 B 细胞的活力，消灭病原体，并增加免疫球蛋白的生成量，增强机体的体液免疫，从而提高免疫力（彭小兰，2005）。虾青素能够增强小鼠免疫细胞的增殖和活性来调节机体的免疫功能，刺激小鼠的增殖反应，大大提高 IgM 和 IgG 的产生，同时还能促进肠道炎症因子（IL-6、TNF-α）的释放。有研究证实，虾青素能减少巨噬细胞中自由基的积累，抑制NF-KB 诱导的炎症因子的产生，从而提高机体的免疫力。研究发现虾青素能显著增加 LPS 诱导的体外淋巴细胞的增殖，通过调节白细胞介素-2（IL-2）和INF-γ 增加，发挥其对免疫功能的调节作用（Kuan et al.，2015）。Amar 等（2002）研究在虹鳟的饲料中添加虾青素，能够提高血液防御素和溶菌酶活性，能够提高机体的非特异性细胞毒性和吞噬作用，改善虹鳟的免疫节能。Merchie 等（2015）研究发现饲料中添加虾青素可以增强养殖对象的免疫力，提高抗病力，从而使存活率升高；也有研究指出虾青素还能增强对虾对盐度的抵抗能力，提高抗应激力，从而减少盐度对水产动物的危害。

第三节　虾青素的抗炎作用

一、虾青素在降低炎症过度反应中的作用

组织器官在受到伤害、出血或病原感染等刺激时会出现典型的红肿、发热、疼痛等局部炎症反应；而当炎症严重时就会伴有全身反应和发热、白细胞增多等症状。这些都是正常的生理反应，局部红肿是由于血流量增大、液体增多和血液循环加快，可带来更多的白细胞，从血管流到组织内杀灭病原体；同时也借助血液循环，带走更多的代谢废物，清除异物和细胞碎片。当机体免疫

系统感受到外界异物的入侵时，免疫细胞会分泌细胞因子，促进免疫细胞产生、动员免疫蛋白。细胞因子包括促炎症细胞因子（激活多种免疫细胞，促进炎症反应发生和发展）和抑炎型细胞因子（激活某些细胞调节炎症反应）；二者之间此消彼长的平衡维护着机体的稳态，相反二者失衡则导致免疫系统紊乱，发生脓毒症、休克甚至死亡。

1. 虾青素可抑制脓毒症的炎症反应

在小鼠中，虾青素预处理能够显著降低脓毒症小鼠的死亡率，通过抑制炎症因子的释放从而抑制脓毒症的炎症反应，进而减轻各组织器官的功能损伤，对重要器官功能具有保护作用。虾青素减轻由脓毒症引发的小鼠的炎症和氧化反应，减轻器官损伤，降低腹腔细菌负荷，提高盲肠结扎和穿刺（Cecal ligation and puncture，CLP）诱导的脓毒症大鼠的存活率。

2. 虾青素可抑制人血清中促炎症因子的释放

人体（足球运动员冬训期）服用后，虾青素可通过有效抑制血清促炎症因子的释放，提高血清炎症抑制因子的水平，改善炎症反应。在小鼠中，虾青素可增加心脏线粒体膜电位（MMP），并降低血浆白介素 IL-1α、肿瘤坏死因子 TNF-α 等炎症因子水平，从而起到一定的保护心脏作用。

二、虾青素具有显著的抗炎作用

炎症的本质是机体应对各种损伤性刺激时进行自我保护的防御反应，在炎症过程中，损伤因子对细胞和组织造成损害，机体通过炎症充血、渗出反应，稀释、杀伤和包围损伤因子，并且通过细胞再生修复受损组织。炎性反应的主要成分包括炎性细胞和炎性介质，前者泛指参与炎性反应的细胞，包括淋巴细胞、浆细胞、粒细胞（嗜酸性、嗜碱性、中性）和单核细胞等；后者包括细胞因子和趋化因子。其中，在炎性反应发生时发挥主要作用，称为促炎反应介质，如氧自由基、转化生长因子 β、干扰素等；而在炎症消退时起主要作用，称为抗炎反应介质如 IL-4、IL-5 及第二信使物质等。

虾青素的抗炎作用是通过调节 TOLL 样受体（TLR-4）、核因子 κB（NF-κB）和丝裂原活化蛋白激酶（MAPK）信号通路发挥作用。虾青素还可以通过调节过氧化物酶体增殖物激活受体 α（PPARα）抑制 PPARβ 和 PPARγ，减少巨噬细胞等分泌促炎因子而抗炎。

三、虾青素通过调节氧化应激/抗氧化水平而抗炎

活性氧和炎症密切相关。活性氧具有双重作用：一方面，活性氧可杀死病

原体和清除损伤组织的终末端效应分子；另一方面，它也上调促炎性因子的表达，是炎症的引发剂，和促炎性细胞因子形成正反馈环（图 2-1）。抗氧化剂和抗氧化酶能抑制炎性因子的基因表达而阻断这种正反馈环。

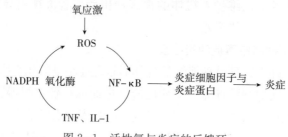

图 2-1　活性氧与炎症的反馈环

虾青素的共轭双键和 α-羟基酮具有特殊的化学结构，使其容易捕获并中和自由基，淬灭单线态氧，清除自由基，降低膜通透性，维持膜稳定。虾青素的共轭多烯部分和末端环部分可分别在膜、膜表面和膜中捕获自由基，故其抑制细胞膜脂质过氧化作用比 L-胡萝卜素更有效。

炎症主要是由于外来异物的入侵引起的，机体的吞噬细胞的吞噬作用和诱导激活功能在抗炎过程中起着重要作用。虾青素能增强巨噬细胞对 LPS 的敏感性，增强机体抗炎和预防疾病的功能（Callie et al.，2018）。研究证明，虾青素能够阻断转录激活子（START3）和信号转导子的 DNA 结合活性，抑制 LPS 诱导的神经炎症反应和氧化活性，抑制炎症蛋白的表达（Han et al.，2019）。饲料中添加虾青素，通过调节 MAPK、NF-KB 和 TLR4 等信号通路发挥抗炎作用（Mu et al.，2018）。还有报道指出，虾青素能够通过缓解口腔炎症来减轻扁平苔藓的发生，使用虾青素后，体内细胞因子（IL-6 和 TNF-α）以及 NF-κBp65 水平都有明显下降（Sajad et al.，2018）。虾青素通过抑制 LPS 诱导的炎症因子 IL-6、TNF-α、IL-1β 的表达，抑制 TLR4 表达，进而抑制下游 NF-κBp65 和 IkB 的磷酸化。还有研究发现虾青素抑制 MAPK 信号通路中 p38、细胞外调节蛋白激酶（ERK）和 c-Jun 氨基末端激酶的磷酸化，从而发挥其抗炎作用。

第四节　虾青素的着色作用

一、水产动物的体色

体色是脊椎动物最具多样性的形态特征之一，在动物的生存和进化中发挥着重要作用。鱼类的体色及其体表图案是鱼类适应环境变化的选择适应性结果，具有斑点、斑块、条纹等丰富多样的表现形式，影响着鱼类的求偶、伪装、逃避敌害等行为。在鱼类生长发育过程中，其体色经常会出现变化主要表现为体内系列因子共同作用导致的形态学体色变化和外部环境造成体色快速变化的生理学体色变化，无论是形态学体色变化还是生理学体色变化，最终都受色素颗粒及色素细胞的分布、迁移等影响。哺乳类和鸟类仅存在一种色素细胞，即黑色素细胞（melanophores）；而在鱼类中已发现6种不同的色素细胞，包括黑色素细胞、红色素细胞（erythrophores）、黄色素细胞（xanthophores）、虹彩细胞（iridophores）、白色素细胞（leucophores）和蓝色素细胞（cyanophores）等。与其他脊椎动物相同，鱼类色素细胞主要起源于神经嵴细胞，神经嵴细胞经迁移、分化形成相应部位的前色素细胞，最后由前色素细胞进一步分化成相应的色素细胞。有研究表明部分色素细胞也可来源于其他细胞，如成年斑马鱼的黑色素细胞除了来源于神经嵴细胞，部分还来源于干细胞。这些色素细胞分布于鱼类的鳞片、皮肤与鳍条的表面，使鱼类呈现出绚丽丰富的体色与体表颜色图案。斑马鱼存在黑色素细胞、黄色素细胞和虹彩细胞等3种色素细胞，其体表形成蓝色和银色交替条纹。两种体色瓯江彩鲤黑色素形成比较中，"大花"存在黑色素细胞，最终体表变现为红色基底缀黑色斑块；"全红"不存在黑色素细胞，体表呈红色。鱼类色素细胞可分泌包括黑色素、类胡萝卜素和蝶啶类色素在内的常见色素，鱼类色素的合成本质上是由遗传因素调控的。

目前对于鱼类体色研究，鲤形目鱼类的研究相对比较深入。张建森等（1985）对于荷包红鲤、沅江鲤的研究，认为鲤鱼体色性状受2对非伴性遗传基因的控制。徐伟等（2000）通过进行彩鲫、红鲫、锦鲤等之间的相互杂交试验，发现其体色分离机制复杂。王成辉等（2004）则发现瓯江彩鲤的"全红"相对于"粉玉"表现为显性基因。鱼类体色形成受遗传因素的调控，但其遗传因素是复杂多样的。目前，对于鱼类体色形成相关遗传因素的深入研究，主要通过体内相关色素信号通路和基因的功能表达调控。在脊椎动物各类色素通路研究中，以黑色素合成通路的研究最为广泛和深入。黑色素合成通路最后合成含氮而不含硫的真黑素与含氮含硫的褐黑素。真黑素与褐黑素的比例影响动物体颜色的呈现。真黑素所占比例越高，呈现的颜色越接近棕色和黑色；褐黑素所占比例越高，动物体颜色越偏向黄色和红色。在哺乳类、爬行类、两栖类、鸟类中发现真黑素和褐黑素的存在，而目前发现鱼类只存在真黑素。鱼类缺少褐黑素，但鱼类可通过 *ASIP*、*MC1R*、*TYR* 等体色相关基因的调控，进一步调节鱼类色素细胞的分布、形状以及色素含量等，形成丰富复杂的体色和体表图案。

二、水产动物体色的影响因素

水产动物的体色是自身适应环境的一种表现，起到保护自己、预防天敌、迷惑敌人的作用。随着水产养殖的发展，人们对于水产动物的营养价值和观赏价值要求越来越高，观赏类水产动物和食用类水产动物拥有更好的体色能够带来更高的经济价值。

水产动物的体色变化主要由体内色素细胞中色素颗粒的分散和集中造成。鱼类含有的基本色素细胞主要分为 4 种：鸟粪素细胞，又称虹彩素；黄色素细胞，含有黄色素；黑色素细胞，含有黑色颗粒；红色素细胞。甲壳类动物的色素细胞中含有黑、白、红、蓝和黄色色素，其色素细胞可含有单色、双色或多种色素。由于水产动物体表含有不同数量和密度的色素细胞，色素细胞中又含有不同种类和数量的色素物质，导致水产动物能够显示不同的体色。水产动物体内的色素，从化学结构上可分成类胡萝卜素、α-萘醌系色素群、黑色素、胆汁色素群、蝶啶系色素群和其他色素。类胡萝卜素的色素群能够给甲壳类虾蟹、真鲷、鲑、锦鲤等水产动物提供体色和肉色中的红色系色素。

1. 饲料中添加外源色素等对观赏鱼体色的影响

饲料组成能够改变水产动物体色，同时也是对水产动物体色改变较迅速的一种方法。饲料中的营养素对水产动物体色的影响主要是影响其色素细胞或者色素体。

鱼类的体色会受到光照、水质、养殖密度和饲料等外界因素的影响，其中在饲料中添加色素等是目前使用最多、效果较好的鱼类体色调控方法。目前，观赏鱼养殖中最常用的有虾青素、黄体素、玉米黄素、β-胡萝卜素、维生素 E、维生素 A 以及激素等。但是不同鱼类对不同色素利用能力有差异，如血鹦鹉可以较好地利用虾青素，七彩神仙鱼可有效利用叶黄素。在实际生产中，养殖常常会根据观赏鱼种类的不同饲喂添加不同色素的饲料。

（1）添加类胡萝卜素等对观赏鱼体色的影响 类胡萝卜素是一种脂溶性色素，所以鱼类体内脂类的缺乏会影响其对饲料中类胡萝卜素的吸收利用。增加饲料中脂类的含量或增加动物性饲料，可以提高鱼类肠道对类胡萝卜素的吸收，增加色素的着色强度。向枭等（2000）研究表明，饲喂添加类胡萝卜素的饲料可以改变玛丽鱼的体色。孙向军等（2011）研究发现在饲料中添加了富含类胡萝卜素的光合细菌和小球藻的锦鲤体色显著加深。Muge 等（1998）的试验表明只要在番茄小丑鱼的饲料中额外添加类胡萝卜素，就可以有效地防止由外界条件引起的皮肤变黑。在饲喂添加类胡萝卜素的饲料后，红剑尾鱼体内的红色素积累量会增加，使其体色更加艳丽。

虾青素是一种类胡萝卜素，呈深粉红色，化学结构类似于β-胡萝卜素，虾青素具有很强的抗氧化性，是海洋生物体内主要的类胡萝卜素之一。不同鱼类对饲料中虾青素的利用能力有差异。崔培和宋雪璐（2013）的研究结果显示，在综合考虑经济效益的情况下，饲料中虾青素的最适宜添加量 700mg/kg，可有效改善锦鲤体色；而七彩神仙鱼对虾青素的最适利用量是 200mg/kg。外源虾青素的增色效果会随着添加时间和浓度的变化而出现差异，一般浓度过高、饲喂时间过长都会降低鱼类对色素的吸收利用率。张晓红等（2009）研究显示，对血鹦鹉饲喂高浓度的虾青素，初期增色效果明显，但随着时间推移其效果逐渐减退，饲喂高浓度虾青素的试验组其排泄物颜色更深；饲料中添加虾青素可显著改善金曼龙鱼和玛丽鱼的体色，但平台期后继续饲喂效果逐渐减退。

水产动物饲料中添加类胡萝卜素可以有效改善体表的颜色。叶黄素能够改善七彩神仙鱼体表黄色。孙学亮等（2014）对血鹦鹉饲料研究得出相同结论，使用叶黄素混合物能够提高血鹦鹉鱼体表的黄度值。Wade 等（2005）在斑节对虾饲料中添加虾青素，喂养 6 周后，添加虾青素组斑节对虾体色显著高于未添加组。在樱桃鲃饲料中添加 100mg/kg 虾青素可起到增色作用，饲料中虾青素含量上升，樱桃鲃对其利用率下降。

饲料中的类胡萝卜素会与水产动物体内消化酶作用，进入小肠内被吸收。姜志强等（2012）研究不同蛋白水平对锦鲤体色影响，结果显示添加 12％螺旋藻，蛋白水平为 45.9％时，试验锦鲤体表红度值 a^* 最高。鱼类可将类胡萝卜素转变为维生素 A，饲料缺少维生素 A 可影响鱼类对类胡萝卜素的沉积。有研究表明，饲料中缺少维生素 A，黄颡鱼体色将产生变化。β-胡萝卜素是类胡萝卜素之一，是脂溶性化合物，脂肪对其有运输作用。饲料中不同的脂肪含量能够影响β-胡萝卜素的吸收。薛继鹏等（2011）的研究表明，不同脂肪水平对瓦氏黄颡鱼背部和腹部的亮度 L^* 和黄色值 b^* 有影响。

由于鱼类能将饲料中的黄体素、玉米黄素和β-胡萝卜素转化为虾青素，因此，在人工饲料中加入黄体素、玉米黄素、角黄素等纯制剂或黄玉米、螺旋藻、胡萝卜、红辣椒等的提取物可改善观赏鱼体色。研究显示，饲喂叶黄素 8 周后，七彩神仙鱼的皮肤黄度和叶黄素含量较对照组显著升高，表明饲料中添加叶黄素可以使黄色素在七彩神仙鱼体表显著积累。何培民等（1999）用螺旋藻饲喂锦鲤，随着螺旋藻干粉投喂量的增加，其体色变鲜艳，体重、体长也相应增加。

（2）添加维生素对观赏鱼体色的影响　维生素的获取可影响鱼类对色素的吸收。维生素 E 是一种脂溶性维生素，是最主要的抗氧化剂之一，可以增强鱼类非特异性免疫力。孙向军等（2010）研究表明一定剂量的维生素 E 能够提高锦鲤对类胡萝卜素的利用。类胡萝卜素是维生素 A 的合成前体，维生素 A 的缺乏会导致鱼类体内的类胡萝卜素更多地用于合成维生素 A 而不是作为呈色物质存在于色素细胞中。所以，保证观赏鱼体内维生素 A 的水平有利于其更好地吸收利用类胡萝卜素。还有研究发现，在饲料内添加适当的维生素 C，燕鱼的体色、体形等都有所改善。

（3）添加激素等对观赏鱼体色的影响　观赏鱼对饲料色素的利用还与激素及一些生物活性物质有关。研究发现，在饲料中添加 17α-甲基睾酮并与类胡萝卜素采用不同配比投喂，会对斑马鱼体色产生影响，尤其对 1 月龄幼鱼影响最为显著；饲料中 17α-甲基睾酮添加量为 80mg/kg 时，可以显著提高斑马鱼体内的色素沉淀，增强体色。对血鹦鹉饲喂含有虾青素的饲料的同时，添加适量的苜蓿皂苷可以显著提高其对虾青素的吸收利用，显著增加血鹦鹉背部和尾鳍的红度。

2. 虾青素的增色原因及研究进展

天然的虾青素主要来源于细菌、藻类、甲壳动物、鸟类和一些浮游植物（袁超，2005）。虾青素是水产动物的主要着色物质，这是因为类胡萝卜素是水产动物的主要色素合成物质，而虾青素里含有大量的胡萝卜素，胡萝卜素是其主要物质的组成部分。类胡萝卜素合成的重点物质是虾青素，虾青素可以直接进入动物的组织内，不需要任何的修饰或者生化作用，从而增强色素的沉积能力，最终表现为动物的肌肉或者皮肤有鲜艳且健康的色泽。虾青素是水产养殖中比较常用的一种饲料添加剂，鱼体自身不能合成类胡萝卜素，只能通过食物摄取、吸收并转化（Torrissen，1989）。鱼类体色除了和类胡萝卜素的含量紧密相关，也和鱼类生存的环境和生理状态紧密联系（杨惠云，2012）。有试验证实，在饲料中添加虾青素不仅使鱼体的体色有所改变，比如增加红度和黄度，而且虾青素的含量在肌肉中也有所增加（梁春梅，2007）。郭全有等（2018）研究表明饲料中添加虾青素可以改善大黄鱼的体色和体型。公翠萍等（2014）研究在红罗非鱼饲料中添加不同含量的虾青素，罗非鱼不同组织的类胡萝卜素沉积量和表达量也有所不同。也有研究指出在血鹦鹉饲料中添加虾青素和螺旋藻，发现这两种添加剂均能增强血鹦鹉的体色，且虾青素的增色效果要好于螺旋藻，建议血鹦鹉饲料中虾青素的最适添加量为 500mg/kg（张晓红等，2009）。另外，将虾青素投喂大西洋鲑，虾青素沉积在肌肉，使鱼体呈现出红色，受到消费者的喜爱（Torrissen and Christiansen，1995）。鱼类对类胡萝卜的吸收分为两种类型，一种是将食物中含有的黄体素或者玉米黄质转化成虾青素，也可将虾青素直接贮藏体内，这种鱼一般是红鲤型比如红鲤、锦鲤和金鱼属于这种（冷向军和李小勤，2006）；还有一种是不能将黄体素、β-胡萝卜素和玉米黄质转化成虾青素，但是可以将这些色素直接贮存在鱼体，这类鱼一般是鲷型比如虹鳟（Barbosa et al.，1999）。

第五节 虾青素的促生长作用

鱼类生长和摄食同时受到各种外源因子和内源因子的影响。虾青素在促进水产动物生长、繁殖和发育方面有较好的功效。研究发现在亲鱼饲料中加入虾青素可以提高鱼的产卵率（Vassllo et al.，2010），虾青素对鲑鱼苗期的存活率、受精率和生长率都有显著的提高（Do et al.，2015）。虾青素对水产动物有很好的促生长作用。Petit 等（1997）研究发现在对虾饲料中添加虾青素，可以缩短对虾幼体期的蜕皮周期，加快其生长速度。金征宇等（1999）试验发现饲料中添加虾青素可以显著提高罗氏沼虾的增重率，投喂含有虾青素的饲料5 周后其增重率提高 14.48%。七彩神仙鱼饲料中加入 50mg/kg 的虾青素可以增加其体重和特定生长率（黄璞等，2011）。孙刘娟等（2016）研究发现血鹦鹉饲料中添加 0.2%～0.3%的虾青素，其生长性能受到显著影响；Rehulka 等（2015）研究发现虹鳟的生长性能也受到虾青素的显著影响，虹鳟饲料中虾青素的最适添加量为 49.8mg/kg。崔培等（2013）研究发现红白锦鲤饲料中，最适的虾青素添加量为 700mg/kg。研究证实，虾青素对凡纳滨对虾（裴素蕊等，2009）、斑节对虾（温为庚等，2011）、仿刺参（Gmhmeo，2003）和日本对虾（Wang et al.，2018）都有促进作用。虾青素的促生长作用可能和它的抗氧化功能及免疫增强密切相关，虾青素对机体的健康和营养吸收都有积极的调节作用，尤其是在应激或者病理条件下（王吉桥等，2012）。但是也有研究发现虾青素对某些水产动物并无显著的促生长作用，比如研究发现在红螯螯虾饲料中添加虾青素，并不能显著提高其生长性能和成活率（Harpaz，1998）。这可能和养殖品种、虾青素的添加量和养殖条件等都有密切关系，具体的调控机制有待更进一步的研究。

第六节 对肥胖及脂肪代谢的影响

脂类是一种鱼类的必需营养物质，在鱼类的营养生理中起着极其重要的作用，是鱼体生长发育所必需的营养素，也是鱼体能量物质的重要贮备形式。脂肪代谢是体内重要且复杂的生化反应，在各种相关酶的帮助下，消化吸收、合成与分解的过程，加工成机体所需要的物质，保证正常生理机能的运作，对于生命活动具有重要意义。

脂肪、蛋白质和碳水化合物是动物的三大能量来源，而某些鱼类如黑尾近红鲌、罗非鱼和部分软骨鱼等，优先利用脂肪作为能量来源，脂肪可以提供必需脂肪酸并可以节约蛋白质。但是当饲料中添加了不适宜的脂肪水平时，就有可能会导致鱼体代谢紊乱、生长速率降低，必需脂肪酸的不足以及维生素缺乏症、体内脂肪蓄积等问题，最终导致鱼体发病，甚至会使体内产生营养性脂肪肝。

一、鱼类的脂肪代谢

鱼体对脂肪的代谢主要包括脂肪的消化吸收、脂肪转运、β-氧化和脂肪的合成。消化道中关于脂肪消化的酶类（包括脂肪消化酶、TAG酯酶和磷脂酶）主要由胰腺和肝胰腺产生，消化产物为甘油酯和游离脂肪酸，甘油酯主要包括胆固醇、脂醇、lyso-磷脂和2-甘油单脂。鱼类日常摄食的脂肪以甘油三酯为主来参与脂肪转运。鱼体对脂肪的消化率与所摄食的脂肪酸的链的长度以及其不饱和程度有关。鱼体对饲料脂肪吸收的主要部位在于近端小肠和幽门盲囊，脂肪的水解消化产物扩散到肠道黏膜，并依靠主动扩散被肠上皮细胞摄取，随后在肠道的黏膜细胞中，通过与甘油、lyso-磷脂等的重新酯化，游离脂肪酸再次形成甘油三酯（TAG）和磷脂。

大部分的脂质主要以脂蛋白的形式在血液中转运，与哺乳动物相一致。VLDL主要由肝细胞组成，少量也可以由小肠黏膜细胞合成，与肝脏的功能息息相关。因此，血液中LDL的水平也可以反映出鱼体肝脏的健康情况；HDL由肝脏和小肠合成，主要负责将肝外细胞中的胆固醇通过血液循环转运到肝脏，在肝脏转化成胆汁酸排泄出体外，用以清除机体的胆固醇。脂肪酸的分解代谢是鱼体获取能量的主要来源，首先脂肪酸在线粒体外被活化成脂酰CoA，再经肉碱转运进入线粒体，产生更多的NADPH等能量物质，NADPH最终通过氧化形成ATP，为机体提供代谢所需的能量。

二、鱼类脂肪肝的产生

近年来，集约化水产养殖业中因饲料营养不平衡，添加受细菌、病毒污染或霉变原料，添加违禁物质（如某些激素和抗生素等），投喂不当等因素引起的营养性疾病日趋严重。这些疾病不仅症状复杂，而且容易继发传染性疾病，临床上难于诊治，往往造成鱼类肝、肾、脾严重受损。其中以脂肪肝，尤其以营养性脂肪肝最为常见，已成为严重困扰水产养殖业持续健康发展的难题之一。营养性脂肪肝可导致鱼类生长缓慢，饵料系数升高，抗应激能力下降，在高温季节还会引起鱼类暴发性死亡。

脂肪肝是比较常见的一种慢性病，目前在我国的发病率较高，鱼类在饲喂高脂饲料时，也会出现脂肪肝等病变。目前已经证实，虾青素对高胆固醇血症、肥胖、心血管、肝脏和胃肠道等疾病都有有益效果。

三、对鱼类脂肪肝的调控

近年来，研究发现虾青素可以改善高脂饮食诱导的肝功能障碍以及血脂升高，并能抑制炎症因子的释放，有效防止肝脏内质网应激、炎症和脂肪沉积，从而对改善 NAFLD 有积极作用。但虾青素改善肝脂代谢的具体机制尚不十分清楚。虾青素可以抑制高脂肪饮食造成的组织脂肪增加和体重变重，能够调节肠道微生物菌群和脂肪代谢，防止肥胖的发生（Wang et al.，2019）。虾青素能够调节机体对不饱和脂肪酸的利用，抑制代谢综合征问题。在分子水平，虾青素能够降低脂肪转录因子 $PPAR\text{-}\gamma$ 的基因表达水平，抑制脂肪的沉积（Sun et al.，2010）。肥胖也会引起其他器官的病变，比如肝脏功能受限，研究表明，虾青素在改善肥胖导致的肝功能问题方面有很大的前景（Tae et al.，2019）。同时，虾青素对非酒精性脂肪肝有很好的干预作用，对调节昼夜节律紊乱也有很好的缓解作用（左正宇等，2019）。虾青素能够降低血液中谷草转氨酶和谷丙转氨酶的活性，缓解脂肪的受损程度，另外虾青素还能促进胆固醇羟化酶表达，加速胆固醇氧化，未来虾青素的降脂作用将会在水产养殖上得到应用。

第七节　水产动物对虾青素需求量的研究进展

雨生红球藻所含的虾青素主要是 (3S-3′S) 结构，能与 C16、C18 或者 C20 脂肪酸酯化形成虾青素酯，其酯类配比 70％单酯、25％双酯和 5％游离。雨生红球藻提供的天然虾青素比人工合成虾青素更有利于水产动物。几种常见水产动物适宜雨生红球藻需求量的研究见表 2-1：

表 2-1　几种水产动物在饲料中对虾青素或雨生红球藻的需要量

物种	虾青素或雨生红球藻需求量	参考文献
红白锦鲤	雨生红球藻 25～35g/kg	赵子续等，2019

（续）

物种	虾青素或雨生红球藻需求量	参考文献
三疣梭子蟹	虾青素含量 50mg/kg	吴仁福等，2018
中华绒螯蟹 成体雄蟹	雨生红球藻 0.4%或 虾青素含量 40mg/kg	龙晓文等，2018 Wu，2017
七彩神仙鱼	雨生红球藻 6.66～9.99g/kg	王磊等，2016
哲罗鲑	虾青素含量 40mg/kg	张立颖，2021
大黄鱼	雨生红球藻 2.8～5.6g/kg	Li et al.，2014

一、对水产动物生长、抗氧化及体成分影响研究进展

雨生红球藻作为水产动物的饲料添加剂，能够改善水产动物的生长性能，促进水产动物的生长。赵子续等（2019）在红白锦鲤饲料中分别添加 5g/kg、15g/kg、25g/kg、35g/kg、45g/kg 雨生红球藻后发现，红白锦鲤饲料中添加雨生红球藻可以显著提高特定增长率和增重率；添加量为 25g/kg 时，红白锦鲤的增重率、特定增长率、肥满度和肝体指数达到最高值，饵料系数达到最低值。刘晓慧（2018）投喂凡纳滨对虾幼虾 35d 雨生红球藻饲料后，对虾的体重与体长均高于投喂 35d 合成虾青素饲料和对照组饲料的体重与体长。Yu 等（2022）对花鲈研究表明，雨生红球藻可提高花鲈的增重率和特定生长率，降低花鲈的全身脂质。

雨生红球藻作为提取虾青素的原料，具有很强大的抗氧化能力。Zhao 等（2014）投喂卵形鲳鲹 6 周雨生红球藻饲料发现雨生红球藻促进鱼的抗氧化能力。在牙鲆饲料中添加雨生红球藻可提高牙鲆抗氧化活性。王磊等（2016）发现投喂七彩神仙鱼雨生红球藻，可提高鱼肝脏中 T-AOC 和 GSH 含量。

水产动物的体成分与其所在的生长环境、养殖技术、饲料营养水平改变而发生变化。雨生红球藻对水产动物的影响主要在于提高抗氧化能力和改善体色方面，国内外学者对水产动物体成分方面的研究较少。Ju 等（2012）利用雨生红球藻替代凡纳滨对虾饲料中部分鱼粉，结果显示，雨生红球藻替代蛋白对凡纳滨对虾体成分无显著影响。三疣梭子蟹饲料中添加雨生红球藻可提高雌蟹肌肉、肝胰腺和卵巢中的总脂。

二、虾青素在饲料中的应用前景及发展方向

虾青素在饲料行业有很好的应用前景，尤其是作为虾蟹和鱼类（鲑、虹鳟、鲟、真鲷、锦鲤等）的饲料添加剂，可以使动物呈现艳丽的色泽，从而使

观赏动物有更好的观赏性。但是关于类胡萝卜素对水产动物的应用效果还有一定的争议，Yanar研究发现虾青素的着色效果不及胡萝卜素醇等色素。Buttle等（2001）发现虹鳟对虾青素的利用率比较高，明显好于角黄素，但是对大西洋鲑的研究得出相反的结论。Baker等（2002）研究各种着色剂的着色效果，发现虾青素和角黄素之间并无显著差异，同时色素的利用率和色素的投喂量之间存在一定的线性关系。还有报道指出对于鲑和虹鳟，在着色方面，虾青素的效果要优于角黄素。Gome等（2002）研究不同来源的虾青素对乌颊鱼的着色效果，结果表明，无论是天然虾青素还是人工合成的虾青素，二者的着色效果并无显著差异。但是也有其他研究发现天然虾青素的着色效果好于人工合成的虾青素（Lim et al.，2002）。由此可见，虾青素对不同养殖鱼类的作用效果存在一定的差异，还有待进一步的研究。另外，不同养殖品种对虾青素的最适需求量和投喂模式也有待进一步的研究。

虾青素在着色、促进动物生长和健康养殖、提高存活率、繁殖率等方面都有重要意义，虾青素还能改善鱼类的风味，促进脂肪酸和其他物质转化成风味化合物，虾青素有广阔的应用前景。

第三章　虾青素的促生长作用

虾青素在促进水产动物生长、繁殖和发育方面有较好的功效。研究发现，在亲鱼饲料中加入虾青素可以提高鱼的产卵率，虾青素对鲑鱼苗期的存活率、受精率和生长率都有显著的提高。虾青素对水产动物有很好的促生长作用。研究证实，虾青素对凡纳滨对虾、斑节对虾、仿刺参和日本对虾都有促进作用，但是不同品种的适宜添加量不同。

第一节　对锦鲤生长的影响

目前，人工养殖条件下，锦鲤饲料中的类胡萝卜素含量不足，体色鲜艳度有待提高。另外，大规模、高密度养殖，使其抗病力有所下降。因此，如何提高锦鲤健康状况，是研究者有待解决的问题之一。

类胡萝卜素是鱼类体色的主要成分，作为脂溶性的类胡萝卜素，又分为碳氢型的 α-胡萝卜素、β-胡萝卜素和 γ-胡萝卜素和碳氢氧型的虾青素、玉米黄质、角黄素、叶黄素和黄体素等。碳氢型的呈色效果较差，碳氢氧型是鱼体的主要呈色色素。水产动物本身不具备合成含氧类胡萝卜素的能力，必须从饵料中摄入。研究表明，饵料是调控其体色最有力的手段之一。叶黄素和虾青素已有研究表明能有效地改善鱼类体色，且是比较安全的饲料添加剂（李段桑，2015）。如何通过饵料调控锦鲤体色，增强其经济价值，值得进行深入研究。

王军辉等（2019）以 540 尾红白锦鲤［初重（7.08±0.3）g］为试验材料，在试验基础饲料（原料由鱼粉、豆粕、菜粕、棉粕、花生粕、面粉、小麦麸、精养鱼预混磷酸二氢钙、食盐、豆油、鱼油组成，购自洛阳某饲料厂）中，分别加入 0、200mg/kg、400mg/kg、600mg/kg、800mg/kg、1 000mg/kg 的虾青素（虾青素购自云南爱尔发生物技术有限公司，虾青素的添加采取逐级扩大法加入饲料里，然后加入豆油、鱼油和足够的水分），在制粒机上制成颗粒大小为 2mm 的饲料，将制好的饲料保存在 4℃ 冰箱备用。基础饲料的配方及营养成分组成见表 3-1。

表 3-1　基础饲料组成及营养水平（干物质基础）

原料	占比（%）	营养水平	占比（%）
鱼粉	6	粗蛋白质	32.48
豆粕	32	粗脂肪	6.72
棉粕	16	粗灰分	4.73
菜粕	16		
豆油	2		
鱼油	2		
麸皮	5		
面粉	18		
磷酸二氢钙	1.8		
预混料	1		
食盐	0.2		

注：每千克预混料含以下矿物质和维生素：$CuSO_4 \cdot 5H_2O$，20mg；$FeSO_4 \cdot 7H_2O$，250mg；$MnSO_4 \cdot 4H_2O$，220mg；$ZnSO_4 \cdot 7H_2O$，70mg；Na_2SeO_3，0.4mg；KI，0.26mg；$CoCl_2 \cdot 6H_2O$，1mg；维生素 D，2 000IU；维生素 A，9 000IU；维生素 E，45mg；维生素 K_3，2.2mg；维生素 B_1，3.2mg；维生素 B_2，10.9mg；烟酸，28mg；维生素 B_5，20mg；维生素 B_6，5mg；维生素 B_{12}，0.016mg；维生素 C，50mg；泛酸，10mg；叶酸，1.65mg；胆碱，600mg。

试验水温（25±1）℃，养殖试验持续投喂 8 周，分别对增重率、特定增重率、饵料系数、成活率、肝体比、脏体比、肥满度等指标进行测量与计算。结果显示，饲养 8 周后，投喂添加虾青素的饲料，生长性能随着虾青素水平的升高呈先升高后降低的趋势；在虾青素添加量为 400mg/kg 组末重、增重率和特定生长率达到最大值，且该组生长性能显著高于对照组（$P<0.05$），其他各组和对照组差异不显著（$P>0.05$）；饵料系数呈先下降后升高的趋势，在 400mg/kg 组显著低于对照组（$P<0.05$）；成活率各组差异不显著（$P>0.05$）（表 3-2）。

由表 3-3 可知，投喂添加虾青素的饲料和对照组相比，肝体比和脏体比各组差异不显著（$P>0.05$）。肥满度随着虾青素水平的升高呈先升高后降低的趋势，在虾青素添加量为 400mg/kg 和 600mg/kg 组肥满度显著高于对照组（$P<0.05$），其他各组和对照组差异不显著（$P>0.05$）。

表 3-2　饲料中添加不同水平的虾青素对锦鲤生长性能的影响

虾青素水平（mg/kg）	初重（g）	末重（g）	增重率（%）	特定生长率（%）	饵料系数	成活率（%）
0	7.07±0.28	14.87±0.88[b]	109.92±13.45[b]	1.32±0.12[b]	2.21±0.29[a]	95.56±2.94

（续）

虾青素水平 （mg/kg）	初重 （g）	末重 （g）	增重率 （%）	特定生长率 （%）	饲料系数	成活率 （%）
200	7.06±0.1	17.46±0.69[ab]	147.51±12.15[ab]	1.61±0.09[ab]	1.62±0.13[ab]	98.89±1.11
400	7.03±0.12	19.24±0.65[a]	173.49±6.76[a]	1.79±0.04[a]	1.37±0.07[b]	100
600	7.14±0.39	17.01±1.17[ab]	139.71±21.99[ab]	1.55±0.16[ab]	1.74±0.21[ab]	98.89±1.11
800	7.18±0.21	16.46±1.44[ab]	130.79±26.90[ab]	1.47±0.21ab	1.91±0.34ab	96.67±1.92
1 000	7.09±0.1	15.14±0.60[b]	115.25±14.44[ab]	1.36±0.12[ab]	2.11±0.22[ab]	96.67±1.92

注：用平均值±标准误来表示数据，同列无字母表示各组之间差异不显著（$P>0.05$），小写字母不同表示差异显著（$P<0.05$）。表 3 - 3 同。

表 3 - 3　不同添加水平的虾青素对锦鲤形体指标的影响

虾青素水平（mg/kg）	肝体比（%）	脏体比（%）	肥满度（%）
0	1.92±0.18	14.87±0.28	1.32±0.45[b]
200	1.96±0.1	15.46±0.39	1.37±0.15[ab]
400	2.03±0.12	14.64±0.86	1.49±0.06[a]
600	2.01±0.09	15.01±1.07	1.45±0.09[a]
800	1.98±0.21	15.06±1.11	1.38±0.20[ab]
1 000	1.89±0.12	14.14±0.30	1.34±0.04[b]

影响鱼类生长的因素很多，包括营养水平、水质（温度、光照、溶氧、氨氮等）和饲料中添加剂的添加种类及质量等。虾青素作为一种饲料添加剂，已有研究报道关于虾青素对鱼类的促生长作用。Li 等（2014）研究报道每 100g 饲料中添加 0.03～0.1g 的虾青素能够提高大黄鱼的生长性能；Kalinowski 等（2019）报道红鲷在起捕前投喂含有虾青素的饲料 90～120d，红鲷的生长性能明显增加；对虹鳟和大西洋鲑的研究发现，饲料中加入适量的虾青素能显著提高鱼类的生长性能。Zatkova 等（2011）报道欧鲇摄食富含虾青素的微藻饲料，其特定生长率能提高 11%～58%。温为庚等（2011）报道斑节对虾饲料中添加适量虾青素，能显著提高对虾的增重率和特定生长率；Christiansen 等（2010）报道饲料中添加虾青素对虹鳟的生长性能和成活率都起到很好的效果；Kalinowski 等（2019）报道真鲷饲料中添加适宜浓度的虾青素后，其末重、增重率和特定生长率均显著提高。类似研究结果在泥鳅、凡纳滨对虾、日本对虾和日本刺参中也有报道。

虾青素的促生长原因可能是因为虾青素能够促进机体维生素 A 的蓄积，而维生素 A 作为鱼类的生长发育和正常生理功能必不可缺少的重要元素之一，对鱼类生长有促进作用。另外，虾青素提高生长性能的原因也可能是类胡萝卜素对水生生物的中间代谢起到积极作用，增强对营养物质的利用，进而改善生长性能；另一种可能的机制是虾青素通过调节肠道菌群，分解饲料中不易消化的物质，促进消化酶的分泌，吸收更多的营养物质。Kalinowski 等（2019）发现，虾青素能够提高鱼体和肝脏的脂肪利用率，给机体提供更多的能量，从而促进机体的生长。但是添加过量的虾青素，锦鲤的生长性能并无显著增加，这可能是因为过量的虾青素会导致鱼体代谢增强，从而把多余的营养物质排出体外，额外耗费鱼的体能，导致虾青素添加量过多并不能有效促进锦鲤生长。虾青素提高锦鲤的生长性能的另一方面原因可能是改善了机体本身的健康状况，这在哺乳动物上有一定的研究。

但是也有研究发现饲料中添加虾青素并不能促进水生动物的生长性能，比如 Harpaz 等（1998）在红螯螯虾饲料中添加虾青素并不能提高其生长性能；Gouveia 等（2015）研究报道观赏鱼饲料中添加虾青素对其并无显著影响其增重率、末重和饲料利用率。报道脂鲤饲料中添加虾青素、β-胡萝卜素和二者的混合物，各组之间的生长性能并无显著差异。这可能和虾青素的添加量、养殖条件、养殖环境等有关。饲料中添加 400～600mg/kg 的虾青素提高了锦鲤的肥满度，使锦鲤的体型更优美，提高其观赏价值。

第二节　对克氏原螯虾生长的影响

类胡萝卜素是大多数水生生物色素沉着的基础，类胡萝卜素存在于光合作用植物和藻类中，甲壳类必须通过进食获取类胡萝卜素。Paglianti 等（2004）对克氏原螯虾只投喂动物性饲料，发现克氏原螯虾外骨骼颜色发白，推断是缺少类胡萝卜素。虾蟹所含的类胡萝卜素主要是虾青素，虾青素在甲壳类动物中可与蛋白质结合形成复合体，使壳类动物呈现出不同的颜色。

克氏原螯虾蛋白质含量高、脂肪含量低，肉质鲜美，是我国近几年迅速发展的水产品。克氏原螯虾分布范围广，养殖模式多样，养殖规模与产量逐年增加，市场供不应求。虾素因具有着色、抗氧化、提高水产动物的免疫力等功效，近年来在水产养殖上的应用越来越多。在养殖中，养殖动物对人工合成虾青素的吸收效果远不如天然虾青素；在增色方面，人工合成虾青素也逊色于天然虾青素。同时，在人工合成虾青素的化学反应中可能会产生副产物，可能残留在养殖动物体内,最终会对人体健康产生隐患。雨生红球藻所含的天然虾青素对人体无任何负面影响,可在养殖动物饲料中添加。目前,雨生红球藻中可提取的天然虾青素含量最高,但价格昂贵。有关克氏原螯虾饲料中适宜雨生红球藻添加量的研究不多,因此探求克氏原螯虾饲料中雨生红球藻适宜添加量刻不容缓。

本研究通过在克氏原螯虾饲料中添加不同含量雨生红球藻,研究雨生红球藻对克氏原螯虾生长性能的影响,以期确定饲料中最适宜的雨生红球藻添加量,初步揭示雨生红球藻对克氏原螯虾促生长作用机制,为开发克氏原螯虾着色功能性饲料提供科学依据。

张春暖等(2022)以克氏原螯虾幼虾[均重(9.2±0.04)g](选自江苏省南京市禄口附近某养殖户)为试验对象,以进口鱼粉为主要动物蛋白源、豆粕和菜粕等为主要植物蛋白源,豆油为脂肪源组成基础饲料,分别添加雨生红球藻 0、0.3%、0.6%、0.9%、1.2%、1.5%,组成 6 组试验饲料,分别为 H0、H0.3、H0.6、H0.9、H1.2、H1.5 组。试验饲料原料选购自江苏富裕达粮食制备股份有限公司和盐城恒兴饲料有限公司。饲料原料经小型粉碎机粉碎后过 80 目筛。过筛饲料按比例称重后运用逐级放大法将饲料原料均匀混合。充分混合后使用饲料制粒机将饲料制成直径为 2.0mm 的硬颗粒饲料,在室温避光条件下饲料吹干至恒重,密封于−20℃冰箱保存备用。饲料配方及其营养水平见表 3‑4。饲料所添加的雨生红球藻由广州立达尔生物科技股份有限公司提供,虾青素含量为 2.11%。

表 3‑4　饲料组成和营养水平(干物质基础)

原料	H0	H0.3	H0.6	H0.9	H1.2	H1.5
进口鱼粉(%)	3.00	3.00	3.00	3.00	3.00	3.00
豆粕(%)	24.00	24.00	24.00	24.00	24.00	24.00
菜粕(%)	15.00	15.00	15.00	15.00	15.00	15.00
虾粉(%)	5.00	5.00	5.00	5.00	5.00	5.00
肉粉(%)	5.00	5.00	5.00	5.00	5.00	5.00
血粉(%)	2.00	2.00	2.00	2.00	2.00	2.00
玉米酒糟(%)	5.00	5.00	5.00	5.00	5.00	5.00
面粉(%)	27.00	26.70	26.40	26.10	25.80	25.50
米糠(%)	6.00	6.00	6.00	6.00	6.00	6.00

（续）

原料	H0	H0.3	H0.6	H0.9	H1.2	H1.5
豆油（%）	2.50	2.50	2.50	2.50	2.50	2.50
磷酸二氢钙（%）	2.00	2.00	2.00	2.00	2.00	2.00
预混料（%）	2.00	2.00	2.00	2.00	2.00	2.00
黏合剂（%）	0.50	0.50	0.50	0.50	0.50	0.50
食盐（%）	0.20	0.20	0.20	0.20	0.20	0.20
赖氨酸（%）	0.18	0.18	0.18	0.18	0.18	0.18
膨润土（%）	0.58	0.58	0.58	0.58	0.58	0.58
蛋氨酸（%）	0.04	0.04	0.04	0.04	0.04	0.04
雨生红球藻藻粉（%）	0	0.3	0.6	0.9	1.2	1.5
合计（%）	100.00	100.00	100.00	100.00	100.00	100.00
营养成分						
粗蛋白（%）	32.69	32.02	32.25	32.94	32.15	32.53
粗脂肪（%）	6.79	6.59	6.78	6.48	6.66	6.55
粗灰分（%）	8.98	9.25	9.06	9.22	9.20	9.19
虾青素（mg/kg）	0.00	63.30	126.60	189.90	253.20	316.50

注：每千克预混料提供矿物质元素：铁6g；铜0.3g；锰1.5g；锌4g；硒0.02g；碘0.07g；钴0.007g。提供维生素：维生素A3 75 000IU；维生素 D_3 150 000IU；维生素E 4 000mg；维生素 K_3 400mg；维生素 B_1 600mg；维生素 B_2 1 000mg；维生素 B_6 850mg；维生素 B_{12} 2mg；烟酸10 000mg；叶酸200mg；肌醇12 000mg；D-生物素8mg；D-泛酸钙2 200mg；维生素C 14 000mg。

本试验共设置6个组，每组3个重复，每个重复随机放置40尾克氏原螯虾，共计720尾，随机分布在18个室外水泥池中（水泥池规格：长3m，宽2m，水深1m），每个水池有独立的进排水系统，池内配有24h开启的氧气泵。试验期间水温19~30℃。每日于7：00和19：00进行投喂，每日投喂量参照3%~5%的克氏原螯虾体重，每天记录投喂量、死虾数目和重量，每日监测水质，如气温、水温、溶氧、pH、氨氮、亚硝酸盐等。

选取健康的克氏原螯虾为试验动物，试验共6组，每组3个平行，每个平行取9尾（共162尾虾）。试验60d，取每个水池3尾克氏原螯虾，擦干其体表水分并称重，测量体长，记录。解剖采集肝胰腺、腹部肌肉、肠道、肝胰脏、肌肉进行称重。将收集的肝胰腺、肠道、肌肉放入EP管中，用于常规分析。将6尾全虾放到—20℃冰箱中保存等待分析。另每个组取3只虾，在相同条件下水煮后立即用罗氏比色扇比对第3～4背甲处（即虾弓处）颜色。

测定指标包括肝体比、肥满度、增重率、特定生长率、饵料系数、含肉率等。

克氏原螯虾体成分测定方法：水分采用（105±2）℃烘箱烘至恒重的方法直接测定；粗蛋白采用凯氏定氮法；粗脂肪采用索氏提取法；粗灰分采用马弗炉550℃灼烧法。

结果由表3-5显示，雨生红球藻对克氏原螯虾各组间含肉率影响不显著（$P>0.05$），H0.3组肥满度显著高于其他各组（$P<0.05$），H1.2组肥满度显著低于其他各组（$P<0.05$），H0肝体指数显著高于H1.2组（$P<0.05$），其他组之间差异不显著（$P>0.05$）。

H0.3、H0.6和H1.2组的增重率显著高于H0（$P<0.05$），H0.9、H1.5组增重率与其他组差异不显著（$P>0.05$）。除H0.9外，其他添加组特定增长率显著高于H0组（$P<0.05$）。各组间饵料系数无显著差异（$P>0.05$）。

表3-5 不同添加水平雨生红球藻对克氏原螯虾生长性能的影响

项目	H0	H0.3	H0.6	H0.9	H1.2	H1.5
初均重 （g）	9.2± 0.01	9.21± 0.01	9.18± 0.01	9.19± 0.00	9.20± 0.00	9.19± 0.01
末均重 （g）	23.41± 0.85[b]	28.68± 1.51[a]	28.64± 0.87[a]	25.89± 0.61[ab]	28.47± 1.43[a]	27.03± 1.40[ab]
增重率 （%）	154.51± 9.50[b]	211.27± 16.58[a]	212.02± 9.46[a]	181.48± 6.62[ab]	209.34± 15.54[a]	194.05± 15.21[ab]
特定生长率 （%）	1.55± 0.06[b]	1.89± 0.09[a]	1.90± 0.05[a]	1.72± 0.04[ab]	1.88± 0.09[a]	1.79± 0.08[a]
饵料系数	2.03± 0.12	1.60± 0.12	1.70± 0.09	1.81± 0.04	1.69± 0.25	1.73± 0.13
含肉率 （%）	8.25± 0.13	8.39± 0.63	8.45± 0.22	8.28± 0.23	8.78± 0.45	8.93± 0.26
肥满度 （g/cm³）	3.47± 0.06[ab]	3.62± 0.15[a]	3.25± 0.09[b]	3.17± 0.12[bc]	2.90± 0.06[c]	3.17± 0.05[bc]
肝体指数 （%）	6.09± 0.25[a]	5.33± 0.22[ab]	5.54± 0.34[ab]	5.16± 0.34[ab]	4.87± 0.15[b]	5.24± 0.34[ab]

注：同行上标不同字母表示差异显著（$P<0.05$）。

由表 3-6 可知，饲料中雨生红球藻对克氏原螯虾的全虾水分、粗蛋白、粗脂肪和粗灰分均无显著影响（$P > 0.05$）。

表 3-6　雨生红球藻对克氏原螯虾全虾体成分的影响（鲜重）

项目	实验组					
	H0	H0.3	H0.6	H0.9	H1.2	H1.5
水分（%）	71.58±0.44	68.30±0.34	68.61±1.57	69.73±0.91	69.27±1.31	70.35±1.20
粗蛋白（%）	8.16±0.23	9.07±0.10	9.19±0.50	8.85±0.25	9.04±0.34	8.52±0.35
粗脂肪（%）	2.43±0.10	2.70±0.08	2.69±0.10	2.63±0.12	2.44±0.09	2.41±0.07
粗灰分（%）	9.79±0.35	10.60±0.41	10.35±0.59	9.61±0.45	10.52±0.49	9.46±0.43

雨生红球藻是天然虾青素的提取原料，对鱼、虾和蟹等有促生长的作用。虾青素在鱼、虾和蟹等疾病方面有着显著的防治作用，能够提高养殖动物的存活率，对其生长和繁殖有着重要作用。本试验中，添加雨生红球藻组克氏原螯虾的末重、增重率和特定生长率都高于未添加组，但随着雨生红球藻含量的添加，各添加组数据间差异不显著，显示饲料中适宜的雨生红球藻能促进克氏原螯虾生长，这与 Cheng 等（2019）的结论一致。Xie 等（2006）发现在大口黑鲈饲料中添加 75mg/kg、150mg/kg 虾青素能够提高其末重、增重率。在乌鳢饲料中添加虾青素可显著提高其增重和特定生长率，并且在添加量为 100mg/kg 时，乌鳢的增重最高，特定增长率最高。An 等（2011）将克氏原螯虾置于微囊藻毒素 LR 胁迫下培养，饲养含有虾青素饲料 8 周，测定克氏原螯虾生长性能和微囊藻毒素 LR 在克氏原螯虾不同器官的积累情况，结果表明，克氏原螯虾饲料中添加虾青素能显著提高其特定增长率。饲料中添加虾青素可在一定程度上阻断微囊藻毒素 LR 在虾肝胰腺和卵巢中积累。Cheng 等（2019）在克氏原螯虾饲料中添加虾青素，研究虾青素含量对克氏原螯虾生长性能影响，结果显示，添加 200mg/kg、400mg/kg、800mg/kg 虾青素组生长性能高于对照组。雨生红球藻能够提高水产动物的生长性能，可能是雨生红球藻内含天然虾青素，虾青素为非维生素 A 源类胡萝卜素，对水产动物组织中的维生素 A 积累起着促进作用，而维生素 A 能够提高鱼类和虾类的生长。饵料系数各组间无显著差异，说明饲料中添加雨生红球藻对克氏原螯虾饲料利用率没有作用。

肝体指数是评价水产动物肝功能的重要指标，肝体指数的降低可以说明养殖动物体内肝脏负荷在自身肝功能调节的可控范围内。本试验中随着雨生红球藻的添加含量增加，克氏原螯虾肥满度和肝体指数呈下降趋势，雨生红球藻提供的虾青素具有促进肝胰腺代谢的能力，雨生红球藻含量增加，促进效果更加明显，造成肝体指数和肥满度下降。谢家俊（2018）发现，在卵形鲳鲹幼鱼饲料中添加虾青素后，其肝体比和肥满度随着虾青素含量的添加呈下降趋势，这与本试验结果一致。同样，赵磊（2018）发现，中华绒螯蟹喂养 30d 添加雨生红球藻饲料后，肝体指数要略低于对照组。

第三节　对黄颡鱼生长性能的影响

在池塘集约化养殖模式下，由于养殖密度过大，当饲料中色素物质供给不足时，极易造成黄颡鱼体色异常，出现"体色消退""黑身"现象，进而影响黄颡鱼品质。因此，通过饲料途径添加色素改善黄颡鱼体色是常用的措施，市场上色素添加剂品种众多，品质不一，养殖户往往过量投喂，导致喂养出来的黄颡鱼容易出现"香蕉鱼""花斑"等现象。基于以上问题现状，寻找一种合适的体色改良饲料添加剂尤为重要。

陈秀梅等（2022）以黄颡鱼（初重约为 8g）为研究对象，探究虾青素不同添加水平对黄颡鱼生长的影响，进而为黄颡鱼养殖产业的健康发展提供基础数据。试验采取在饲料中分别添加 0、50mg/kg、100mg/kg、150mg/kg、200mg/kg 的虾青素，制成 5 种饲料（表 3-7），分别饲喂黄颡鱼幼鱼 8 周后，探讨虾青素对黄颡鱼生长的影响。试验期间，每天投喂 2 次（9：00，16：00）。养殖期间定时换水，水温保持在 23～25℃，溶解氧保持≥5mg/L，pH 维持在（7.1±0.1），氨氮<0.5mg/L。

表 3-7　黄颡鱼试验饲料配方及营养水平（陈秀梅等，2022）

原料组成	数值
鱼粉（%）	41.0
玉米蛋白粉（%）	25.0
麦麸（%）	5.0
玉米油（%）	4.0
面粉（%）	15.0
糊精（%）	6.0
复合预混料（%）	2.0
磷酸二氢钙（%）	1.5

（续）

原料组成	数值
氯化胆碱（%）	0.5
合计（%）	100.0
营养水平	
粗蛋白（%）	41.01
粗脂肪（%）	7.93
粗灰分（%）	10.77
总能（MJ/kg）	16.82

注：复合预混料为每千克饲料提供：维生素 A 3 600IU，维生素 D_2 1 200IU，维生素 E 20mg，维生素 K_3 5mg，维生素 B_1 5mg，维生素 B_2 7mg，维生素 B_6 6mg，维生素 B_{12} 0.02mg，泛酸钙 20mg，烟酸 30mg，叶酸 1.7mg，生物素 0.05mg，维生素 C 磷酸酯 171.4mg，肌醇 90mg，胆碱 1 000mg，镁 150mg，铁 120mg，锌 60mg，锰 30mg，铜 4mg，钴 0.5mg，硒 0.7mg，碘 1mg。

在该试验条件下，100mg/kg、150mg/kg 组及 200mg/kg 组的黄颡鱼末重显著高于对照组（$P<0.05$），150mg/kg 及 200mg/kg 组的黄颡鱼末重显著高于对照组和 50mg/kg 组（$P<0.05$）。100mg/kg、150mg/kg 组及 200mg/kg 组黄颡鱼平均增重率和特定生长率显著高于对照组和 50mg/kg 组（$P<0.05$）。100mg/kg、150mg/kg 组及 200mg/kg 组黄颡鱼饵料效率及蛋白质效率均显著高于对照组（$P<0.05$）（表 3-8）。200mg/kg 组黄颡鱼的生长性能和饲料利用均显著得到改善，表明 100～200mg/kg 的虾青素对黄颡鱼的生长有显著的促进作用。不同物种之间的差异显著，分析原因可能存在剂量依赖关系与物种种类、生长阶段、养殖环境以及虾青素的来源差异有关，但还需要进一步分析。

表 3-8　**虾青素对黄颡鱼生长性能的影响**（陈秀梅等，2022）

项目	对照组	50mg/kg 组	100mg/kg 组	150mg/kg 组	200mg/kg 组
初重（g）	8.12±0.24[a]	8.19±0.32[a]	8.10±0.15[a]	8.15±0.12[a]	8.24±0.33[a]
末重（g）	18.28±1.97[a]	19.94±1.84[ab]	23.05±1.92[bc]	24.39±1.35[c]	24.46±1.38[c]
平均增重率（%）	124.88±18.29[a]	143.23±14.71[a]	184.42±20.85[b]	199.30±12.16[b]	196.60±5.24[b]
特定生长率（%）	1.44±0.15[a]	1.59±0.11[a]	1.86±0.13[b]	1.96±0.07[b]	1.94±0.03[b]
饵料效率（%）	50.28±8.64[a]	54.78±7.30[ab]	65.6±8.01[bc]	69.49±5.26[c]	68.47±4.46[c]
蛋白质效率（%）	1.23±0.21[a]	1.35±0.18[ab]	1.60±0.20[bc]	1.69±0.13[c]	1.67±0.11[c]

注：同行数据肩标不含有相同小写字母表示差异显著（$P<0.05$），含有相同字母或无字母表示差异不显著（$P>0.05$）。

第四节　对虹鳟生长的影响

　　虹鳟的肌肉红度值是市场评价其品质的一个重要标准，生产中往往会通过外源添加虾青素的方式改善虹鳟肌肉色泽。目前，生产上使用的虾青素主要为合成虾青素（Ast），其成本占饲料总成本的 10%～20%。Ast 由于存在不同立体异构性以及可能的合成中间体的残留，故其安全性问题一直存在争论。天然来源的虾青素较为稳定，使用安全，但存在提取工艺复杂、价格高等问题。

表 3-9　虹鳟试验饲料组成及营养水平（干物质基础，g/kg）（张春燕等，2021）

项目	对照组	合成虾青素组	福寿花花瓣组	福寿花提取物组	雨生红球藻提取物组
鱼粉	250.0	250.0	250.0	250.0	250.0
豆粕	200.0	200.0	200.0	200.0	200.0
大豆浓缩蛋白	110.0	110.0	110.0	110.0	110.0
面粉	260.0	259.0	253.5	256.6	255.6
猪肉粉	50.0	50.0	50.0	50.0	50.0
啤酒酵母	40.0	40.0	40.0	40.0	40.0
鱼油	30.0	30.0	30.0	30.0	30.0
豆油	30.0	30.0	30.0	30.0	30.0
维生素预混料	5.0	5.0	5.0	5.0	5.0
矿物质预混料	5.0	5.0	5.0	5.0	5.0
磷酸二氢钙	15.0	15.0	15.0	15.0	15.0
氯化胆碱	5.0	5.0	5.0	5.0	5.0
合成虾青素	—	1.0	—	—	—
福寿花花瓣	—	—	6.5	—	—
福寿花提取物	—	—	—	3.4	—
雨生红球藻提取物	—	—	—	—	4.4
合计	1 000.0	1 000.0	1 000.0	1 000.0	1 000.0
营养水平					
水分	39.3	39.0	38.0	41.5	41.7
粗蛋白质	451.3	446.2	445.7	442.9	441.1

（续）

项目	对照组	合成虾青素组	福寿花花瓣组	福寿花提取物组	雨生红球藻提取物组
粗脂肪	134.8	134.7	134.5	124.4	125.1
粗灰分	85.5	84.8	86.8	85.4	85.5

注：维生素预混料为每千克饲料提供：维生素 A 10 000IU，维生素 D_3 3 000IU，维生素 E 150IU，维生素 K_3 12.17mg，维生素 B_1 20mg，维生素 B_2 20mg，维生素 B_3 100mg，维生素 B_6 22mg，维生素 B_{12} 0.15mg，维生素 C 1 000mg，生物素 0.6mg，叶酸 8mg，肌醇 500mg。矿物质预混料为每千克饲料提供：碘 1.5mg，钴 0.6mg，铜 3mg，铁 63mg，锌 89mg，锰 11.45mg，硒 0.24mg，镁 180mg。营养水平为实测值。

张春燕等（2021）以虹鳟为研究对象，选取体质健壮、大小均匀的虹鳟 375 尾［平均体重为（6.28±0.07）g］，随机分为 5 组，每组 3 个重复，每个重复 25 尾。试验配制 5 种等氮等能的饲料，分别为基础饲料和在基础饲料（对照组）中分别添加 1.0g/kg 合成虾青素（Ast）、6.5g/kg 福寿花花瓣粉（AF）、3.4g/kg 福寿花提取物（AE）和 4.4g/kg 雨生红球藻提取物（HE）（折算成虾青素含量均为 100mg/kg）的试验饲料（表 3 - 9），喂养虹鳟 6 周。结果表明，饲料中添加 Ast、AE 和 HE 对虹鳟增重率和饲料系数无显著影响（$P>0.05$），但 AF 组的增重率较对照组显著降低（$P<0.05$），饲料系数显著提高（$P<0.05$）（表 3 - 10）。

表 3 - 10　不同来源虾青素对虹鳟生长性能的影响（张春燕等，2021）

项目	对照组	合成虾青素组	福寿花花瓣组	福寿花提取物组	雨生红球藻提取物组
初重（g）	6.24±0.04	6.34±0.07	6.25±0.05	6.25±0.03	6.24±0.04
末重（g）	27.62±0.31[b]	27.16±0.94[b]	24.10±1.05[a]	26.19±0.92[b]	26.27±0.78[b]
增重率（%）	339.45±1.29[b]	328.54±12.54[b]	293.74±16.98[a]	322.64±10.88[b]	325.16±6.57[b]
成活率（%）	100	100	100	100	100
饲料系数	0.99±0.04[a]	1.01±0.02[a]	1.09±0.02[b]	1.03±0.01[a]	1.03±0.03[a]

注：同行数据肩标不同小写字时表示差异显著（$P<0.05$）。

该研究中 AF 的添加虽然对虹鳟存活率没有产生影响（100%），却降低了鱼体生长性能，这在一定程度上反映了花瓣中所含的生物碱、强心苷等有毒有害物质对摄食和饲料利用产生了负面影响，表明 AF 不宜直接添加到虹鳟饲料中。为减轻或消除 AF 中有毒有害物的影响，对其中的虾青素进行提取是一条有效的途径。强心苷是水溶性物质，而虾青素的提取是一个有机溶剂萃取的过程，故 AE 中已基本不含强心苷物质。有研究表明，饲料中添加 0.01% 的 AE

（折算成虾青素添加量为 100mg/kg）对虹鳟生长性能无显著影响，该研究中在饲料中添加 34g/kg AE，对虹鳟的生长性能也没有产生不利影响。今后，福寿花资源的开发利用应走活性物质提取这条道路。

第五节　对大鳞副泥鳅生长的影响

刘明哲等（2022）进行虾青素对普通和金黄大鳞副泥鳅的生长研究试验。该试验通过投喂添加 0 和 150mg/kg 虾青素的饲料，研究虾青素对大鳞副泥鳅生长作用，为实际生产上奠定理论基础并提供参考依据。该研究将 600 尾体重为（11.25±0.16）g 的两种体色大鳞副泥鳅随机分成 4 组，每组 3 个重复，每个重复 50 尾。分别投饲添加 0 和 150mg/kg 虾青素的试验饲料饲养 60d。每10d 采样一次，共采样 7 次，取样待测。

其中，虾青素购于西安泽邦生物科技有限公司（提取于雨生红球藻，浓度为 2%），在基础日粮中添加不同水平（0 和 150mg/kg）虾青素配成两种配合饲料。饲料原料粉碎后经 0.246mm（60 目）筛，按饲料配方称重，并加工成直径为 1.2mm 的颗粒状饲料，于室外晾晒，晾干后放置于 −20℃ 冰箱中保存备用。饲料配方及营养成分见表 3-11。试验中水族箱水温设定 23～25℃，溶解氧大于 5mg/L，pH（7.1±0.1）。

表 3-11　大鳞副泥鳅试验饲料组成及营养水平（干物质基础）

原料组分	虾青素水平	
	0	150mg/kg
鱼粉（%）	20	20
小麦麸（%）	11	11
鱼油（%）	2	2
糊精（%）	5	5
玉米蛋白粉（%）	15	15
玉米油（%）	2	2
去皮豆粕（%）	30	30
面粉（%）	10	10
氯化胆碱（%）	0.5	0.5
蛋氨酸（%）	0.5	0.5

（续）

原料组分	虾青素水平	
	0	150mg/kg
赖氨酸（%）	0.3	0.3
维生素预混料（%）	1	1
矿物质预混料（%）	1	1
磷酸二氢钙（%）	1.7	1.7
营养水平		
粗蛋白（%）	35.77	35.65
粗脂肪（%）	7.56	7.61
粗灰分（%）	6.37	6.35
水分（%）	5.63	5.48
总能（MJ/kg）	17.73	17.68

注：维生素预混料向每千克饲料提供：叶酸 5.3mg，生物素 0.05mg，抗坏血酸（35%）110mg，烟酸 30mg，泛酸钙 25mg，肌醇 65mg，维生素 A 2 500IU，维生素 B_1 6mg，维生素 B_2 6mg，维生素 B_6 8mg，维生素 B_{12} 0.02mg，维生素 D_3 2 0001U，维生素 E 15mg，维生素 K_3 3mg；矿物质预混料向每千克饲料提供：硫酸锰 20mg，硫酸镁 10mg，氧化钾 98mg，氧化钠 365mg，硫酸锌 40mg，碘化钾 35mg，无水硫酸铜 35mg，硫酸铁 105mg，亚硝酸钠 0.1mg。

研究结果显示，饲料中添加 150mg/kg 虾青素均能有效促进普通体色与金黄体色大鳞副泥鳅的生长，但是体色与虾青素的交互效应对大鳞副泥鳅的终末体重、平均增重率以及特定生长率均没有显著性影响（$P > 0.05$）。两种体色大鳞副泥鳅的终末体重在 0～60d 呈上升趋势，通过各阶段采样结果显示当虾青素的添加水平为 150mg/kg 时两种体色大鳞副泥鳅的终末体重显著高于虾青素 0 添加组（$P < 0.05$），两种体色大鳞副泥鳅之间的终末体重无显著差异；两种体色大鳞副泥鳅的平均增重率在 0～60d 呈下降趋势，当虾青素的添加水平为 150mg/kg 时两种体色大鳞副泥鳅的平均增重率显著高于虾青素 0 添加组（$P < 0.05$），两种体色大鳞副泥鳅之间的平均增重率无显著差异；两种体色大鳞副泥鳅的特定生长率在 0～60d 呈下降趋势，当虾青素的添加水平为 150mg/kg 时两种体色大鳞副泥鳅的特定生长率显著高于虾青素 0 添加组（$P < 0.05$），两种体色大鳞副泥鳅之间的特定生长率无显著差异（表 3-12、表 3-13）。

表 3-12　饲料中添加虾青素对不同体色大鳞副泥鳅生长的影响（刘明哲等，2022）

项目	时间（d）	黑褐色 虾青素 0	黑褐色 虾青素 150mg/kg	金黄色 虾青素 0	金黄色 虾青素 150mg/kg
终末体重（g）	10	12.90 ± 0.08^{Fb}	13.74 ± 0.35^{Fa}	12.85 ± 0.58^{Fb}	13.93 ± 0.31^{Fa}
	20	14.80 ± 0.11^{Eb}	16.62 ± 0.43^{Ea}	14.79 ± 0.55^{Eb}	16.76 ± 0.32^{Ea}
	30	16.59 ± 0.27^{Db}	19.52 ± 0.40^{Da}	16.74 ± 0.52^{Db}	19.65 ± 0.25^{Da}
	40	18.37 ± 0.42^{Cb}	22.28 ± 0.25^{Ca}	18.68 ± 0.44^{Cb}	22.37 ± 0.27^{Ca}
	50	19.91 ± 0.63^{Bb}	24.8 ± 0.24^{Ba}	20.27 ± 0.23^{Bb}	25.04 ± 0.06^{Ba}
	60	21.20 ± 0.75^{Ab}	27.28 ± 0.40^{Aa}	21.64 ± 0.14^{Ab}	27.42 ± 0.45^{Aa}
平均增重率（%）	10	16.62 ± 1.07^{Bb}	24.65 ± 1.52^{Ba}	16.80 ± 1.40^{Bb}	24.35 ± 1.19^{Ba}
	20	14.73 ± 1.48^{Bb}	20.98 ± 0.53^{Ca}	15.18 ± 1.10^{BCb}	20.32 ± 0.68^{Ca}
	30	12.07 ± 1.25^{Cb}	17.48 ± 0.66^{Da}	13.17 ± 1.19^{CDb}	17.24 ± 0.80^{Da}
	40	10.75 ± 0.96^{Cb}	14.16 ± 1.25^{Fa}	11.63 ± 0.97^{Db}	13.83 ± 0.90^{Ea}
	50	8.39 ± 0.93^{Db}	11.69 ± 0.97^{Fa}	8.51 ± 0.83^{Eb}	11.93 ± 1.13^{Ea}
	60	6.46 ± 0.76^{Db}	9.61 ± 0.83^{Ca}	6.77 ± 0.61^{Eb}	9.51 ± 0.97^{Fa}
	0～60	92.96 ± 9.71^{Ab}	147.71 ± 11.24^{Aa}	97.10 ± 12.30^{Ab}	144.85 ± 10.22^{Aa}
特定生长率（%）	10	0.26 ± 0.02^{Bb}	0.37 ± 0.02^{Ba}	0.26 ± 0.02^{Bb}	0.36 ± 0.02^{Ba}
	20	0.23 ± 0.02^{Bb}	0.32 ± 0.01^{Ca}	0.24 ± 0.02^{BCb}	0.31 ± 0.01^{Ca}
	30	0.19 ± 0.02^{Cb}	0.27 ± 0.01^{Da}	0.21 ± 0.02^{CDb}	0.27 ± 0.01^{Ca}
	40	0.17 ± 0.01^{Cb}	0.22 ± 0.02^{Ea}	0.18 ± 0.01^{Db}	0.22 ± 0.01^{Da}
	50	0.13 ± 0.01^{Db}	0.18 ± 0.01^{Fa}	0.14 ± 0.02^{Eb}	0.19 ± 0.02^{Ea}
	60	0.10 ± 0.01^{Ab}	0.15 ± 0.01^{Ga}	0.11 ± 0.03^{Eb}	0.15 ± 0.03^{Fa}
	0～60	1.09 ± 0.08^{Ab}	1.51 ± 0.07^{Aa}	1.13 ± 0.10^{Ab}	1.49 ± 0.06^{Aa}

注：同行小写字母表示差异显著（$P<0.05$），同列大写字母表示差异显著（$P<0.05$）。

表 3 - 13 体色与虾青素互作效应对不同体色大鳞副泥鳅生长的影响（刘明哲等，2022）

项目				采样时间 (d)						
				10	20	30	40	50	60	0～60
终末体重 (g)	主效应	体色	黑褐色 —	13.32 ± 0.51^a	15.71 ± 1.04^a	18.05 ± 1.64^a	20.33 ± 2.16^a	22.40 ± 2.76^a	24.30 ± 3.30^a	—
			金黄色 —	13.3 ± 0.70^a	15.78 ± 1.15^a	18.20 ± 1.64^a	20.53 ± 2.05^a	22.65 ± 2.62^a	24.53 ± 3.18^a	—
		虾青素 (mg/kg)	0	12.87 ± 0.37^A	14.80 ± 0.36^A	16.66 ± 0.38^A	18.53 ± 0.42^A	20.09 ± 0.47^A	21.49 ± 0.52^A	—
			150	13.84 ± 0.31^B	16.69 ± 0.35^B	19.59 ± 0.31^B	22.33 ± 0.24^B	24.96 ± 0.18^B	27.35 ± 0.39^B	—
	双因素方差分析 P 值	体色		0.74	0.76	0.53	0.36	0.25	0.33	—
		虾青素水平		0.00	0.00	0.00	0.00	0.00	0.00	—
		体色×虾青素		0.58	0.75	0.96	0.61	0.64	0.61	—
平均增重率 (%)	主效应	体色	黑褐色 —	20.64 ± 4.55^a	17.86 ± 3.56^a	14.78 ± 3.09^a	12.45 ± 2.12^a	10.04 ± 2.00^a	8.03 ± 1.87^a	120.34 ± 31.42^a
			金黄色 —	20.58 ± 4.29^a	17.75 ± 2.93^a	15.20 ± 2.41^a	12.73 ± 1.36^a	10.22 ± 2.21^a	8.14 ± 2.20^a	120.96 ± 28.05^a
		虾青素 (mg/kg)	0	16.71 ± 1.12^A	14.96 ± 1.19^A	12.62 ± 1.24^A	11.19 ± 0.99^A	8.45 ± 1.09^A	6.61 ± 1.14^A	95.03 ± 10.17^A
			150	24.50 ± 1.23^B	20.65 ± 0.65^B	17.36 ± 0.67^B	14.00 ± 0.81^B	11.81 ± 0.95^B	9.56 ± 1.35^B	146.28 ± 9.74^B
	双因素方差分析 P 值	体色		0.94	0.86	0.49	0.62	0.79	0.90	0.99
		虾青素水平		0.00	0.00	0.00	0.00	0.00	0.01	0.00
		体色×虾青素		0.76	0.37	0.28	0.30	0.93	0.81	0.59

（续）

项目			采样时间（d）						
			10	20	30	40	50	60	0～60
主效应	体色	黑褐色 —	0.31 ± 0.06^a	0.27 ± 0.05^a	0.23 ± 0.04^a	0.20 ± 0.03^a	0.16 ± 0.03^a	0.13 ± 0.03^a	1.30 ± 0.24^a
		金黄色 —	0.31 ± 0.06^a	0.27 ± 0.04^a	0.24 ± 0.03^a	0.20 ± 0.02^a	0.16 ± 0.03^a	0.13 ± 0.03^a	1.31 ± 0.21^a
	虾青素（mg/kg）	0	0.26 ± 0.02^A	0.23 ± 0.02^A	0.20 ± 0.02^A	0.18 ± 0.01^A	0.14 ± 0.02^A	0.11 ± 0.02^A	1.11 ± 0.09^A
		150	0.37 ± 0.02^B	0.31 ± 0.01^B	0.27 ± 0.01^B	0.22 ± 0.01^B	0.19 ± 0.01^B	0.15 ± 0.02^B	1.50 ± 0.07^B
双因素方差分析 P 值	体色		0.95	0.88	0.48	0.61	0.79	0.90	0.88
	虾青素水平		0.00	0.00	0.00	0.00	0.00	0.01	0.00
	体色×虾青素水平		0.76	0.38	0.28	029	0.93	0.80	0.60

特定生长率（%）

注：同列数据肩标不同小写字母表示主效应体色相同差异显著（$P<0.05$）；同列数据肩标不同大写字母表示主效应虾青素添加量相同差异显著（$P<0.05$）。

第六节 对七彩神仙鱼生长的影响

王磊等（2016）为探讨雨生红球藻对七彩神仙鱼生长的影响，分别用添加 0（C0）、3.33g/kg（C1）、6.66g/kg（C2）、9.99g/kg（C3）、13.32g/kg（C4）和16.65g/kg（C5）雨生红球藻（折算成虾青素添加量分别为0、100mg/kg、200mg/kg、300mg/kg、400mg/kg和500mg/kg饲料）的饲料饲喂七彩神仙鱼［平均体重（16.74±0.65）g］6周。其间，试验用鱼饲养于18个自动充气循环的水族箱中（0.57m×0.48m×0.35m）；饲料冷冻状态下切成0.3～0.5m³的小块，投饵量为试验鱼体重的3%～4%，以2～3min内吃完为宜，日投喂3次（8：30、12：30、16：30）；试验期间水温（27±1）℃，DO>5mg/L，pH为6.9～7.8。

经检测，各饲料组中虾青素实际含量依次为2.63mg/kg、102.21mg/kg、196.47mg/kg、301.19mg/kg、402.47mg/kg和500.87mg/kg。各主要原料用绞肉机绞碎混合均匀，基础饲料组成见表3-14。

表3-14 七彩神仙鱼饲料配方及常规营养组成（%）（王磊等，2016）

成分	比例
牛心	40.0
鸭心	40.0
虾仁	18.0
矿物元素预混料	1.0
维生素预混料	1.0
总计	100.0

注：每千克饲料中含有锌，100mg；铁，150mg；铜，3mg；锰，20mg；碘，0.8mg；钴，0.1mg；硒，0.1mg；镁，100mg；维生素A，2 500IU；维生素D_2，2 400IU；维生素C，150mg；维生素E，30mg；维生素K_3，10mg；维生素B_1，10mg；维生素B_2，20mg；维生素B_5，40mg；维生素B_6，10mg；维生素B_7，1mg；维生素B_{11}，5mg；维生素B_{12}，0.02mg；肌醇，400mg。

雨生红球藻对七彩神仙鱼生长性能影响见表3-15。随着雨生红球藻添加量的增加七彩神仙鱼的增重率显著增加，当添加量为9.99g/kg时，增重率最大，随着添加量的继续增加，其增重率又逐渐下降；当雨生红球藻添加量大于3.33g/kg时，雨生红球藻添加组饲料系数显著降低，其中添加量为6.66～13.32g/kg，其饲料系数较其他3组显著降低（$P<0.05$）；各组七彩神仙鱼的成活率很高，各组之间无显著差异（$P>0.05$）。虾青素促进鱼类生长的原因可能是由于虾青素可以促进鱼体组织维生素 A 蓄积，而维生素 A 是鱼的生长发育和维持正常生理功能必不可少的营养素。

表 3 - 15　饲料中添加雨生红球藻对七彩神仙鱼生长性能的影响（王磊等，2016）

项目	C0	C1	C2	C3	C4	C5
初均质量 （g）	16.65± 0.75	17.02± 0.64	16.43± 0.69	16.79± 0.92	16.69± 0.77	16.58± 0.48
末均质量 （g）	24.52± 3.18	25.24± 2.08	33.04± 5.72	35.74± 7.03	33.33± 3.39	27.05± 1.63
增重率 （%）	47.27± 1.2[a]	48.29± 1.4[a]	101.10± 1.6[c]	112.86± 3.5[d]	99.70± 2.4[c]	63.15± 1.8[b]
饲料系数	3.16± 0.08[c]	3.03± 0.05[c]	1.50± 0.05[a]	1.31± 0.07[a]	1.49± 0.04[a]	2.38± 0.03[b]
成活率（%）	100[a]	100[a]	100[a]	100[a]	100[a]	100[a]

注：同行数据后的不同小写字母表示在 $P<0.05$ 水平差异显著。

第七节　对乌鳢生长的影响

李美鑫等（2021）以乌鳢为研究对象，在基础饲料中分别添加 0（对照组）、50mg/kg、100mg/kg 和 200mg/kg 虾青素，饲喂乌鳢［平均体重（23.40±0.53）g］56d 后取样检测生长情况。试验随机分成 4 组（每组 5 个重复，每重复 40 尾），水温（26±1）℃，pH（7.1±0.1），溶氧（6.21±0.41）mg/L，每天饱食投喂 2 次（08：00 和 16：00），试验饲料配方如表 3 - 16 所示。

表 3 - 16　乌鳢试验基础饲料配方及营养水平（李美鑫等，2021）

饲料原料	含量
鱼粉（%）	38.7
去皮豆粕（%）	4.0
鸡肉粉（%）	12.9
麦麸（%）	5.0
血粉（%）	5.0
花生仁粕（%）	3.0

（续）

饲料原料	含量
面粉（%）	17.5
鱼油（%）	5.9
鱿鱼膏（%）	1.0
磷酸二氢钙（%）	1.5
维生素预混料（%）	1.5
矿物质预混料（%）	1.0
沸石粉（%）	3.0
营养水平	
粗蛋白质（%）	48.1
粗脂肪（%）	11.3
灰分（%）	12.3
能量（kJ/g）	19.3

注：维生素预混料为每千克饲料提供维生素 D_2 2 000IU、维生素 E 50IU、维生素 K 1mg、维生素 B_1 1mg、维生素 B_2 6mg、胆碱 1 000mg、维生素 B_6（吡哆醇）5mg、烟酸 10mg、D-泛酸钙 20mg、生物素 0.14mg、维生素 B_{12} 0.02mg、叶酸 1mg、维生素 C 50mg、维生素 A 2 500IU；矿物质预混料为每千克饲料提供硫酸亚铁 13mg、硫酸锌 60mg、氯化钠 1 200mg、硫酸锰 32mg、硫酸铜 7mg、碘化钾 8mg。营养水平为计算值。

结果表明，日粮添加 100mg/kg 和 200mg/kg 虾青素显著提高乌鳢生长性能和饲料系数（表 3-17）。

表 3-17　虾青素对乌鳢生长及饲料利用的影响（李美鑫等，2021）

添加量 （mg/kg）	初体重 （g）	末体重 （g）	平均增重 （%）	特定生长率 （%/d）	饲料系数
0	23.54±0.11[a]	70.45±2.19[a]	200.50±9.87[a]	1.96±0.06[a]	0.80±0.05[a]
50	23.41±0.09[a]	74.41±2.35[ab]	217.91±10.70[ab]	2.06±0.06[ab]	0.86±0.05[ab]
100	23.36±0.08[a]	83.64±2.80[c]	257.97±11.84[c]	2.28±0.06[c]	0.94±0.02[b]
200	23.38±0.13[a]	77.62±1.99[b]	232.19±8.81[b]	2.14±0.05[b]	0.88±0.03[b]

注：同列数据肩标含有不同小写字母表示差异显著（$P<0.05$），含有相同或无字母表示不显著（$P>0.05$）。

第八节　对斑节对虾生长的影响

温为庚等（2011）以斑节对虾为研究对象，以不同剂量（0，10mg/kg，20mg/kg，40mg/kg，80mg/kg，160mg/kg）添加到斑节对虾的饲料中投喂30d，研究虾青素对斑节对虾［初始体重（1.32±0.03）g］生长的影响。试验虾是自行培育的斑节对虾苗，在室外 4m×3m 水泥池标粗。标粗海水经沙滤，pH 8.2，盐度 32，温度 28～30℃。培育密度 1 万尾/m²，水深 1m，投喂人工配合饲料、鱼肉，培育到约 3cm 体长。结果显示，虾青素可提高斑节对虾的存活率，但无明显规律性；而增重率和特定生长率，试验组和对照组间差异显著（$P < 0.05$）；就终末均质量而言，试验组与对照组差异显著（$P < 0.05$），但试验组之间无显著差异（$P > 0.05$）（表 3 - 18）。

表 3 - 18　**虾青素对斑节对虾生长的影响**（温为庚等，2011）

添加量 （mg/kg）	初始体重 （g）	终末体重 （g）	增重率 （%）	存活率 （%）	特定生长率 （%/d）
0	1.33±0.034	2.41±0.101[a]	81.20±19.7[a]	75.00±12.5[a]	1.98±0.010[a]
10	1.30±0.045	3.06±0.112[b]	133.41±14.8[b]	90.06±10.4[b]	2.85±0.050[b]
20	1.34±0.031	3.07±0.070[b]	129.10±12.5[b]	79.16±16.0[a]	2.77±0.057[b]
40	1.34±0.019	3.04±0.110[b]	126.86±17.8[c]	78.00±18.3[a]	2.76±0.036[b]
80	1.33±0.037	3.09±0.105[b]	132.33±18.3[c]	91.66±7.2[b]	2.86±0.052[b]
160	1.21±0.032	2.86±0.130[b]	118.30±20.6[d]	95.83±5.0[b]	2.60±0.082[c]

注：同列数据中上标不同字母之间差异显著（$P < 0.05$）。

第九节　对凡纳滨对虾生长的影响

王海芳等（2016）以凡纳滨对虾为试验对象，研究了不同含量的虾青素在凡纳滨对虾中的应用情况以及虾青素在对虾中的最佳使用量。该研究在凡纳滨对虾幼虾（初均重 5.4mg）饲料中添加 0、50mg/kg、100mg/kg、150mg/kg、200mg/kg 的虾青素，研究其对幼虾生长、成活率、饵料系数的影响以及虾青素在对虾体内的含量、虾青素在饲料中的稳定性。具体饲料配方见表 3 - 19。饲养设施为 300L 的玻璃纤维桶，共设 5 个处理组，4 个试验组和 1 个对照组。每个组设 3 个重复，每个重复 200 尾虾，试验时间为 30d。投喂量采用：稍过饱原则。每天投喂 4 次，投喂时间为 7：30、12：30、17：30、22：00，根据投喂后 2h 饵料的残留率调整饲料的投喂量，以防过量投喂。试验期间每天换 1/3 的新鲜海水。水质生化指标维持要求：水温 28℃，盐度 29～30，pH 8.0～8.3，溶解氧 6～8mg/L，氨氮 0.2mg/L 以下。

表 3-19 凡纳滨对虾仔虾饲料配方（％）（王海芳等，2016）

组别	0	50mg/kg	100mg/kg	150mg/kg	200mg/kg
进口鱼粉	30.00	30.00	30.00	30.00	30.00
豆粕	21.00	21.00	21.00	21.00	21.00
花生粕	16.00	15.95	15.90	15.85	15.80
高筋面粉	21.90	21.90	21.90	21.90	21.90
啤酒酵母	4.00	4.00	4.00	4.00	4.00
鱼油	1.00	1.00	1.00	1.00	1.00
豆油	1.00	1.00	1.00	1.00	1.00
大豆磷脂	1.00	1.00	1.00	1.00	1.00
胆固醇	1.00	1.00	1.00	1.00	1.00
磷酸二氢钙	1.50	1.50	1.50	1.50	1.50
氯化胆碱	0.30	0.30	0.30	0.30	0.30
预混料	1.00	1.00	1.00	1.00	1.00
维生素 C 磷酸酯	0.10	0.10	0.10	0.10	0.10
食盐	0.20	0.20	0.20	0.20	0.20
虾青素	0	0.05	0.10	0.15	0.20
合计	100.00	100.00	100.00	100.00	100.00

该试验结果表明，添加虾青素的各试验组增重率和特定生长率要显著高于没有添加虾青素的对照组（$P<0.05$）；虾青素试验组对虾的成活率也均高于对照组，其中 200mg/kg 的虾青素组要显著高于对照组（$P<0.05$）；对虾的饵料系数随着虾青素添加量的增加而降低。试验结束后，对虾体内虾青素的含量随着饲料中虾青素的增加而升高，显著高于对照组（$P<0.05$）；同时，含虾青素的饲料室温放置 3 个月后，虾青素保留率分别为 67.17％、74.38％、79.03％、78.29％。本试验认为在饲料中添加 100～150mg/kg 的虾青素可以显著提高凡纳滨对虾幼虾的生长率、成活率和降低饵料系数，增加对虾体内虾青素的含量，进而提高对虾的抗应激能力（表 3-20、表 3-21）。

表 3-20   虾青素对凡纳滨对虾生长的影响（王海芳等，2016）

组别	0	50mg/kg	100mg/kg	150mg/kg	200mg/kg
始均重（mg）	5.40	5.40	5.40	5.40	5.40
末均重（mg）	443.00±65.40[a]	540.30±12.60[b]	520.10±23.10[b]	554.20±7.22[b]	573.40±18.20[b]
增重率（%）	8 528.00±1 234.30[a]	10 094.00±238.40[b]	9 713.00±436.80[ab]	10 357.00±136.00[b]	10 718.00±342.90[b]
特定生长率（%）	14.70±0.50[a]	15.40±0.10[b]	15.30±0.10[b]	15.50±0.10[b]	15.60±0.10[b]
成活率（%）	90.30±2.00[a]	92.50±2.20[ab]	93.20±3.80[ab]	91.80±1.70[a]	95.00±2.30[b]
饵料系数	1.04	1.00	0.99	0.98	0.90

表 3-21   虾青素对凡纳滨对虾体内虾青素含量的影响（王海芳等，2016）

组别	0	50mg/kg	100mg/kg	150mg/kg	200mg/kg
虾青素含量（mg/kg）	0.97±0.02[a]	1.84±0.06[b]	2.88±0.04[c]	3.38±0.05[c]	3.23±0.05[d]

裴素蕊等（2009）以凡纳滨对虾为研究对象进行了虾青素对其生长的影响试验。试验用虾青素来自雨生红球藻。雨生红球藻中提取虾青素，以不同质量浓度（0、20mg/kg、40mg/kg、60mg/kg、80mg/kg、100mg/kg）添加到凡纳滨对虾饲料中投喂 7 周，研究虾青素对凡纳滨对虾生长、存活和抗氧化能力的影响。结果显示，虾青素可提高凡纳滨对虾存活率和特定生长率，其中添加量 80mg/kg 组最高，80mg/kg 组特定生长率和对照组间差异显著（$P<0.05$），但试验组和对照组间存活率无显著差异（$P>0.05$）（图 3-1、图 3-2）。

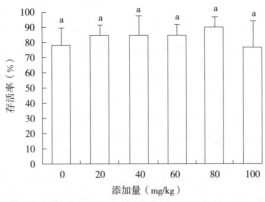

图 3-1   添加不同比例虾青素对凡纳滨对虾存活率的影响（裴素蕊等，2009）

注：不同小写字母表示差异显著（$P<0.05$），相同字母表示差异不显著（$P>0.05$）。图 3-2 同。

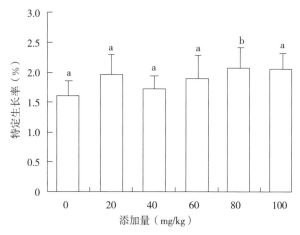

图 3-2　添加不同比例虾青素对凡纳滨对虾特定生长率的影响（裴素蕊等，2009）

第十节　对三疣梭子蟹生长的影响

余小君等（2018）以初始体重为（40.21±2.25）g 的三疣梭子蟹幼蟹为试验对象，使用添加不同虾青素（分别为 0.0 与 0.03%）和胆固醇（分别为 0.0 与 0.6%）水平的 4 组试验饲料（依次为 D1～D4 组）投喂 8 周，研究虾青素和胆固醇对三疣梭子蟹生长、体组成及色泽的影响。具体的饲料配方详见表 3-22。该研究试验开始前，挑选健康健全、规格一致的幼蟹放入长方形塑料筐（24cm×18cm×14.5cm）中进行单独养殖以防止互相捕食，所有养殖筐均放置于一个水泥池中。每组饲料设 3 个平行，每个平行 15 只。养殖试验持续 8 周。每天投喂 2 次（08：00 和 16：00），投饵率为 6%～8%，每周称重 1次以调整投喂量。每天记录死亡和蜕壳的情况。试验期间，每天换 15% 的池水，水温（25.6±0.8）℃，水中溶氧＞7mg/L，pH 6.9～7.2，盐度（24.1±0.6），自然光照。整个过程没有出现水质和病害问题。

表 3-22　三疣梭子蟹试验饲料配方组成（干物质基础,%）（余小君等，2018）

原料	D1	D2	D3	D4
进口鱼粉	40.00	40.00	40.00	40.00
酪蛋白	22.30	22.30	22.30	22.30
α-淀粉	10.00	10.00	10.00	10.00

（续）

原料	D1	D2	D3	D4
鱼油	0.50	0.50	0.50	0.50
大豆磷脂	1.00	1.00	1.00	1.00
胆固醇	0.00	0.00	0.60	0.60
维生素预混料	4.00	4.00	4.00	4.00
胆碱	1.00	1.00	1.00	1.00
矿物盐预混料	3.00	3.00	3.00	3.00
磷酸二氢钙	2.00	2.00	2.00	2.00
微晶纤维素	11.70	11.67	11.10	11.07
牛磺酸	1.50	1.50	1.50	1.50
褐藻酸钠	3.00	3.00	3.00	3.00
虾青素（10%）	0.00	0.03	0.00	0.03
营养成分				
水分	2.65	3.17	4.56	3.09
蛋白质	50.12	49.31	49.70	49.57
脂肪	5.52	5.34	6.10	6.03
灰分	10.45	10.08	9.66	9.57

该研究结果显示，D1 组三疣梭子蟹的肝体比显著高于 D2 组（$P < 0.05$），D3 组肝体比低于 D4 组，但无显著差异（$P > 0.05$）。饲料处理对增重率、壳长、存活率等指标均无显著差异（$P > 0.05$）（表 3 - 23）。4 个处理组之间三疣梭子蟹的水分含量、粗蛋白含量、脂肪含量、灰分水平均没有显著差异（$P > 0.05$）（表 3 - 24）。

表 3 - 23　不同饲料处理组对三疣梭子蟹生长和生物学指标的影响（余小君等，2018）

项目	D1	D2	D3	D4	双因素方差分析		
					虾青素	胆固醇	虾青素×胆固醇
成活率（%）	92.59±3.21[a]	83.33±11.11[ab]	72.22±9.62[b]	77.78±9.62[ab]	0.729	0.036	0.189
起始体重（g）	39.90±0.11	40.06±0.18	39.98±0.14	39.98±0.15	0.347	0.985	0.404

（续）

项目	D1	D2	D3	D4	双因素方差分析		
					虾青素	胆固醇	虾青素×胆固醇
终末体重（g）	104.69±4.49	113.44±1.43	105.99±3.24	112.13±18.16	0.213	0.999	0.819
增重率（%）	162.40±11.90	183.15±2.29	165.09±7.25	180.54±46.42	0.232	0.998	0.855
壳长（cm）	12.56±0.28	12.69±0.43	12.76±0.13	12.78±0.32	0.678	0.444	0.758
蜕壳频率	1.30±0.11	1.21±0.13	1.37±0.09	1.32±0.10	0.178	0.318	0.736
肝体比	6.37±0.22[a]	5.06±0.70[b]	5.27±0.71[ab]	5.84±0.68[ab]	0.331	0.664	0.029

注：表中的值为平均数±标准差（$n=3$），同一行中不同字母上标表示差异显著（$P<0.05$）。

表 3-24　不同饲料处理组对三疣梭子蟹蟹体及肌肉成分的
影响（%）（余小君等，2018）

项目	D1	D2	D3	D4	双因素方差分析		
					虾青素	胆固醇	虾青素×胆固醇
全蟹							
水分	71.61±4.95	71.61±4.95	71.78±3.58	68.76±3.92	0.735	0.78	0.456
粗蛋白	43.13±1.32	43.13±1.32	42.58±2.47	43.21±2.29	0.402	0.715	0.766
脂肪	16.21±0.88	16.21±0.88	15.64±0.61	13.88±2.04	0.994	0.14	0.517
灰分	31.92±2.91	31.92±2.91	31.56±3.28	29.92±4.31	0.934	0.927	0.391
肌肉							
水分	74.35±1.36	76.26±0.96	75.74±1.24	75.17±1.64	0.408	0.85	0.144
粗蛋白	77.93±0.44	79.26±1.75	78.74±1.30	78.22±1.79	0.637	0.889	0.291
脂肪	12.79±0.55	11.55±0.78	11.58±0.85	11.70±1.57	0.245	0.105	0.311

注：表中的值为平均数±标准差（$n=3$）。

第十一节　对其他养殖鱼类生长的影响

大西洋鲑在苗种期，用含有虾青素的饲料投喂后，其体内某些组织中的维生素 A、维生素 C 和维生素 E 的含量明显增加；当虾青素含量高于 5.3mg/kg时，个体保持正常生长，其类脂含量也明显增加，而虾青素含量低于该值时鱼苗生长缓慢（表 3-25）。

表 3-25　饲料中添加虾青素对大西洋鲑生长和体成分的影响

配方	虾青素 (mg/kg)	日增重百分比 (%)	存活率 (%)	湿重 (g/kg)	灰分 (g/kg)	脂肪 (g/kg)	蛋白 (g/kg)
不含色素孵化							
1	0.0	0.39	33.7	843[a]	21[a]	6[a]	121
2	0.2	0.30	29.7	846[a]	22[a]	5[a]	118
3	0.4	0.51	49.2	835[b]	22[a]	7[a]	128
4	0.7	0.43	10.4	844[a]	21[a]	7[a]	119
5	1.0	1.34	84.3	806[c]	22[a]	28[b]	136
6	5.3	2.61	96.0	767[d]	20[a]	46[c]	140
7	13.7	2.52	93.7	759[e]	21[a]	56[d]	141
8	36.0	2.60	98.4	758[e]	20[a]	60[e]	138
9	81.4	2.54	98.1	755[e]	21[a]	64[f]	143
10	190.1	2.71	96.4	757[e]	20[a]	63[f]	140
11	317.3	2.41	89.6	758[e]	21[a]	59[e]	139
含色素孵化							
1	0.0	0.37	17.0	834[b]	21[a]	6[d]	128
3	0.4	0.34	27.4	837[b]	22[a]	7[d]	123
5	1.0	1.10	87.4	812[f]	22[a]	22[g]	138
7	13.7	2.53	98.3	759[e]	20[a]	73[h]	144

注：存活率指用不同水平虾青素喂养大西洋鲑鱼苗的存活百分比。不同字母表示具有显著差异（$P<0.05$）。

　　添加 1g/kg 虾青素可以明显提高豹纹鳃棘鲈的增长率。在 5℃ 和 15℃ 的不同温度条件下，饲料中添加 57mg/kg 虾青素显著提高虹鳟生长速度。欧鲇摄食富含虾青素的微藻饲料后，其特定生长率能提高 11%～58%。饲料中添加 80～320mg/kg 虾青素可以提高河豚的增重率和特定生长率。

　　帝王蟹的饲料中添加一定量的虾青素可以有效促进其生长并提高存活率。王吉桥等（2013）研究发现，仿刺参幼参摄食添加 60mg/kg 和 90mg/kg 虾青素的饲料时，仿刺参的特定生长率比对照组提高 113.33% 和 66.67%。

第四章 虾青素的着色作用

虾青素的着色作用能使鲑科鱼类的肌肉呈桃红色、虾蟹的壳呈深红色，不仅使水产动物有更高的市场价值，也深受消费者的喜爱。但是，鱼体不具备合成除黑色素外其他相关色素的能力，在实际生产过程中，通常需在饲料中添加外源色素来增加鱼体表色素的含量，从而使商品具有更高经济价值。虾青素作为良好的着色剂被广泛研究。

第一节 对锦鲤体色的影响

王军辉等（2019）以锦鲤［初重为（10.2±0.3）g］为试验对象，研究了虾青素对锦鲤体色的影响。试验分别投喂虾青素添加量为 0（对照）、200mg/kg、400mg/kg、600mg/kg、800mg/kg 和 1 000mg/kg 的饲料 8 周，基础饲料成分同表 3 - 1 所示，对体表的色素进行检测。

检测过程中，先用吸水纸吸干鱼体表面的水分，将色差计（GEB-104 Pantone Color-Cue）的探头紧贴试验鱼体表的红斑处，测定各组每尾鱼体表的 L^* 值、a^* 值、b^* 值，其中 L^* 表示明度，a^*、b^* 表示鱼体颜色的状态（a^* 代表红色，b^* 代表黄色），并对测得的数值进行统计分析，以检验虾青素对其体色的影响。

总类胡萝卜素的测定，参考陈晓明等（2004）的方法，具体是准确称取新鲜皮肤 0.1g，用剪刀剪碎，加丙酮至 5mL，放入超声波清洗机中震荡 40min 后取出，放离心机 4 000r/min 离心 10min，在 4℃冰箱中放置 24h，将所得的含有色素的萃取液置于 1cm 的比色皿中，以丙酮为空白对照管，在紫外-可见分光光度计的 200～800nm 波长范围内进行扫描，找出最大吸收峰所处的波长，在该波长下测定各组色素萃取液的吸光度值。

类胡萝卜素含量（mg/kg）＝（A×K×V）/（E×G）

式中，A 代表吸光度值；K 代表常数（10^4）；V 代表提取液体积（mL）；E 代表摩尔消光系数（2 500）；G 代表样品重量（g）。

该研究结果显示（表 4 - 1），饲养 8 周后，各处理组皮肤 L^* 值无显著差异（$P>0.05$）；虾青素添加量为 200mg/kg 和 400mg/kg 组 a^* 值显著高于对照组和 800mg/kg 组（$P<0.05$），其他各组和对照组并无显著差异（$P>0.05$）；b^* 值和皮肤类胡萝卜素含量随着虾青素的添加量的增加呈先升高后降低的趋势，在 400mg/kg 组达到最大，且显著高于对照组（$P<0.05$），其他各组和对照组并无显著差异（$P>0.05$）。

表 4-1　不同添加水平的虾青素对锦鲤体色和类胡萝卜素含量的影响

虾青素水平 （mg/kg）	L^* 值（亮度）	a^*（红度）	b^*（黄度）	类胡萝卜素 （mg/kg）
0	39.98±2.4	17.38±1.01[b]	52.33±3.11[b]	44.03±1.05[b]
200	41.72±1.58	21.90±0.76[a]	59.52±2.06[ab]	47.20±1.99[ab]
400	42.11±0.89	21.94±1.69[a]	66.27±2.52[a]	56.29±3.41[a]
600	40.44±2.48	19.34±0.98[ab]	57.74±2.41[ab]	48.81±4.96[ab]
800	40.47±2.17	17.47±1.04[b]	54.15±6.80[ab]	47.94±3.56[ab]
1 000	41.58±2.97	17.85±1.79[ab]	58.5±4.38[ab]	48.76±2.14[ab]

鱼类体色对增强鱼类的观赏价值有重要意义，虾青素是一种橙红色的类胡萝卜素物质，它作为鱼虾体色中红色系色素主要组成部分，饲料中添加虾青素，对鱼类可以起到增色效果，另外，它作为胡萝卜素合成的终点，能够与肌红蛋白结合，从而达到改善鱼类体色的目的。关于虾青素改善鱼类体色的报道已有大量研究。Yi 等对大黄鱼的研究发现，在饲料中添加 90mg/kg 虾青素，皮肤中类胡萝卜素的含量显著增加，有效改善了大黄鱼的体色。王锐等（2005）报道，红剑尾鱼、丽鱼和金鱼摄食添加量为 30mg/kg 虾青素饲料，可以显著增加的鱼体色素的沉积，提高观赏价值。崔培等（2012）报道锦鲤饲料中添加虾青素可以改变锦鲤的体色；虹鳟饲料中添加虾青素在改善鱼类体色方面要比角黄素的效果好，比角黄素的沉积率高 1.3 倍；用含有虾青素的饲料饲喂金鱼，金鱼的红色有所改善。本试验结果表明，饲料中添加一定量的虾青素对锦鲤具有着色效果，体色鲜艳程度在一定范围内和饲料中虾青素含量呈正相关，当添加量为 400mg/kg 时，锦鲤皮肤的增色效果最好，超过一定的添加量，体色值和胡萝卜素含量均有降低。虾青素在饲料中添加量过低时，类胡萝卜素很有可能在消化吸收过程中代谢掉，达不到着色功能，当类胡萝卜素超标时，脂蛋白载体或其受体可能会被饱和而受到抑制，因此，只有在饲料中添加适量的类胡萝卜素才能达到较好的着色效果。有研究报道指出，血鹦鹉的皮肤中类胡萝卜素的沉积量随着饲料中虾青素的含量的增加在一定范围内呈显著增加趋势，但是达到 500mg/kg 后，胡萝卜素沉积量有明显的增加。冷向军等（2006）研究表明饲料

中的虾青素可以直接贮存于体内，因此在饲料中添加合适浓度的虾青素，皮肤中类胡萝卜素的含量才能明显升高，但是鱼类体色并非与饲料中色素添加量成正比，当达到一定的限度后，鱼体色素的沉积反而会和色素添加量成反比例下降。另外，养殖品种、鱼体大小以及养殖环境均会影响虾青素在饲料中的添加量，因此建议锦鲤饲料中添加虾青素的适宜浓度为400mg/kg。

第二节　对克氏原螯虾体色的影响

张春暖等（2022）以克氏原螯虾幼虾［均重（9.2±0.04）g］（选自江苏省南京市禄口附近某养殖户）为试验对象，分别添加雨生红球藻0（H0）、0.3%（H0.3）、0.6%（H0.6）、0.9%（H0.9）、1.2%（H1.2）、1.5%（H1.5），组成6组试验饲料，研究其对体色的影响。具体饲料配方及养殖对象管理同第三章第二节。

色度值（王锐等，2005）的检测：在相同条件下水煮后立即用罗氏比色扇比对第3~4背甲处（即虾弓处）颜色。煮虾条件：平底锅装1L水，电磁炉上烧开后放入活虾煮2min。煮完一批虾换水后再进行下一批。虾青素含量由青岛拜恩检测技术服务有限公司按照《进出口动物源性食品中角黄素、虾青素的检测方法》（SN/T 2327—2009）进行测定。

由表4-2可知，除H0.6组外，其余各组色度值均显著高于H0组（$P<0.05$）。H0.3、H0.6、H0.9和H1.2组虾壳中虾青素含量显著高于H0组（$P<0.05$），H1.5组虾壳中虾青素含量与H0组无显著差异（$P>0.05$），虾壳中虾青素含量在H0.9组达到最高，显著高于其他各组（$P<0.05$）。添加雨生红球藻组肌肉中虾青素含量显著高于未添加组（$P<0.05$），H0.9组肌肉中虾青素含量显著高于其他各组（$P<0.05$）。

表4-2　雨生红球藻对克氏原螯虾体色和组织虾青素含量的影响

项目	H0	H0.3	H0.6	H0.9	H1.2	H1.5
色度值	29.67± 0.33[b]	31.33± 0.33[a]	31.00+ 0.58[ab]	32.00± 0.58[a]	31.33± 0.33[a]	30.67± 0.33[ab]
虾壳虾青素含量 （mg/kg）	144.00± 1.15[e]	160.33± 2.03[b]	151.67± 0.67[cd]	175.33± 2.60[a]	156.33± 0.88[bc]	148.67± 0.88[de]
肌肉虾青素含量 （mg/kg）	6.50± 0.12[d]	9.53± 0.1[b]	8.63± 0.09[c]	10.50± 0.06[a]	8.57± 0.44[c]	8.53± 0.12[c]

注：同行上标不同字母表示差异显著（$P<0.05$）。

水产动物的体色和肉色主要由其体内的类胡萝卜素含量决定（王海芳等，2016）。饲料中添加一定量的色素能够调节水产动物的体色和肉色。雨生红球藻中所含的虾青素也是类胡萝卜素的一种。经过学者研究发现虾青可改善凡纳滨对虾、三疣梭子蟹等甲壳动物的体色（裴素蕊，2009；Han et al.，2018）。本试验发现，添加适量雨生红球藻能够改善克氏原螯虾的体色，提高虾壳与肌肉中的虾青素含量；但过量添加雨生红球藻，克氏原螯虾色度值差异不显著，虾壳与肌肉中虾青素含量下降，分析其原因可能是水产动物从饲料中获取的虾青素含量到达了饱和，不能将多余虾青素吸收。王磊等（2016）对七彩神仙鱼体色方面研究发现，雨生红球藻粉可以提高七彩神仙鱼着色效果，对皮肤和鳍条效果最明显，雨生红球藻粉添加量提高，七彩神仙鱼皮肤和鳍条中的虾青素含量差异不显著，增色效果也无显著差异。张晓红等（2010）在血鹦鹉研究中也发现，饲料中虾青素含量增加，血鹦鹉体色随之增加，但当饲料中虾青素添加量到达 500mg/kg 时，再添加虾青素对血鹦鹉体色和类胡萝卜素含量的影响差异不再显著。在红剑饲料中添加虾青素能够改善其皮肤颜色，添加量增加，改善效果越明显（Putra et al.，2020）。这可能是不同水产动物对虾青素所能吸收的含量不同，导致体内虾青素含量上限不一致。

第三节　对虹鳟肉色的影响

不同来源虾青素对虹鳟肌肉色差的研究表明，随着养殖时间的延长，各组虹鳟肌亮度值减小，肌肉红度值增大；Ast、AF、AE 和 HE 组的肌肉亮度值在各时间点上均显著低于对照组（$P<0.05$），红度和黄度值显著高于对照组（$P<0.05$）；在第 6 周时，各虾青素添加组间的肌肉亮度、红度值无显著差异（$P>0.05$），AE 和 HE 组的肌肉黄度值显著高于 Ast 和 AF 组（图 4-1）（张春燕等，2021）。

Rahman 等（2002）研究发现，100mg/kg Ast 的饲料饲喂体重 18.5g 的虹鳟 10 周，显著增加了肌肉红度值，肌肉虾青素含量达到 6.1mg/kg。Zhang 等（2012）用添加了 100mg/kg 的 Ast 饲料饲喂 101g 的虹鳟 60d，肌肉红度值显著增加，虾青素含量达到 8.03mg/kg。De La Mora 等（2006）在饲料中添加 80mg/kg Ast，饲喂体重 161g 的虹鳟 6 周后，肌肉虾青素含量可达 8.8mg/kg。AF 和 HP 中的虾青素多数以酯的形式存在，而人工 Ast 为游离态。有研究表明，酯化虾青素更有利于动物体吸收，这可能与虾青素酯极性小，在消化道中的溶解性好有关；而 Henmi 等（1989）认为，在同等虾青素

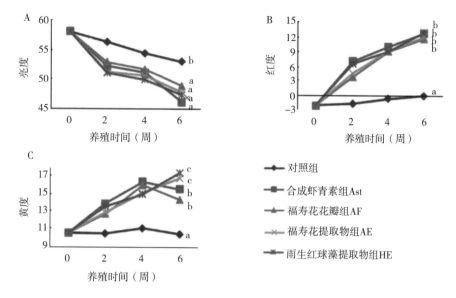

图 4-1 不同来源虾青素对虹鳟肌肉色差的影响（张春燕等，2021）

注：数据点标注不同小写字母表示差异显著（$P<0.05$）。

添加量下，游离虾青素的着色效果优于酯化虾青素，这可能是因游离虾青素与肌动球蛋白结合紧密，单酯化的虾青素与肌动球蛋白结合弱，而二酯则完全不结合，由此导致酯化虾青素的沉积效果差。

第四节 对七彩神仙鱼体色的影响

鱼类自身不具备合成黑色素以外相关色素的能力，所以其遗传特性和外源色素的性质、剂量是影响其色斑形成的主要原因。在实际生产中，通常在饵料中添加红色素来增加红色系七彩神仙鱼体表色素含量，达到商品要求。然而，由于不同来源的虾青素结构不同、溶解度也不同，在增色效果等方面会产生不同差异。关于天然虾青素对鱼类增色效果的研究较少。雨生红球藻中虾青素含量为 $1.5\%\sim3.0\%$，被看作是天然虾青素的"浓缩品"。雨生红球藻所含虾青素及其酯类的配比（约 70% 的单酯、25% 的双酯及 5% 的单体）与水产养殖动物自身配比极为相似，这是通过化学合成和利用红法夫酵母等提取的虾青素所不具备的优势。此外，雨生红球藻中虾青素的结构以 3S-3′S 型为主，与鲑等水产生物体内虾青素结构基本一致。天然虾青素独特的分子结构，使其具有强大的清除氧自由基、抑制单线态氧的能力，是一种比 β-类胡萝卜素、维生素 E 更为有效的抗氧化剂。因此，王磊等（2016）以红色系七彩神仙鱼为研究对象，在饲料中添加不同含量雨生红球藻，考察对七彩神仙鱼体色的影响，可为提高七彩神仙鱼观赏价值和商品价值提供理论基础，为雨生红球藻在观赏鱼饲料中的合理应用提供理论依据。

研究结果表明，不同来源的雨生红球藻添加组七彩神仙鱼体表色度值见表 4-3。随着雨生红球藻添加量的增加，七彩神仙鱼体表的 L^* 值（代表亮度，数值越大，色泽越浅）逐渐下降，对照组的亮度最高，C4 和 C5 最低（$P<0.05$）；随着雨生红球藻添加量的增加，七彩神仙鱼体表的 a^* 值（代表红色，数值大，颜色越红）和 b^* 值（代表黄色）也逐渐升高，分别在雨生红球藻添加量达到 13.32g/kg、16.65g/kg 后，保持基本稳定。皮肤虾青素含量与饲料中虾青素的含量相关性达到极显著水平。

表 4-3　饲料中雨生红球藻粉对七彩神仙鱼体表色度值的影响（王磊等，2016）

组别	L^* 值（亮度）	a^*（红度）	b^*（黄度）
C_0	50.94±1.24[d]	12.53±0.93[a]	13.16±1.55[a]
C_1	33.22±2.21[c]	46.35±3.20[b]	23.36±1.80[c]
C_2	28.08±1.89[b]	51.29±2.58[c]	17.91±1.14[b]
C_3	29.54±1.82[b]	51.97±0.71[c]	22.62±2.93[c]
C_4	26.67±0.41[a]	55.34±1.00[d]	22.22±3.29[c]
C_5	26.75±0.77[a]	55.07±2.15[d]	23.02±4.17[c]

注：同列数据后的不同小写字母表示在 $P<0.05$ 水平差异显著。

第五节　对红白锦鲤体色的影响

崔培等（2013）以红白锦鲤幼鱼 [（7.31±0.12）g] 为研究对象，探究在基础饲料中添加 0、100mg/kg、400mg/kg、700mg/kg、1 000mg/kg、1 300mg/kg、1 600mg/kg 的虾青素对其体色的影响。饲料原料经混合后用旋转制粒机挤压成颗粒饲料（$\varphi=1.5mm$ 和 3.2mm），烘干至含水量 12% 左右备用。饲料原料配方的组成和营养成分含量见表 4-4。饲料中的混合维生素和混合矿物质均购自北京桑普有限责任公司；虾青素购自德国巴斯夫公司（有效含量10%），投饲量约为体重的 3%。试验饱食投喂周期为 60d。

表 4-4　红白锦鲤试验中试验饲料组成（干物质基础,%）（崔培等，2013）

原料	组别						
	对照	100	400	700	1 000	1 300	1 600
褐鱼粉	18	18	18	18	18	18	18

（续）

原料	组别						
	对照	100	400	700	1 000	1 300	1 600
玉米蛋白粉	7	7	7	7	7	7	7
小麦麸	8	8	8	8	8	8	8
豆粕	15	15	15	15	15	15	15
面粉	22.50	22.49	22.46	22.43	22.4	22.37	22.34
小麦蛋白粉	15	15	15	15	15	15	15
α淀粉	7	7	7	7	7	7	7
豆油	3.5	3.5	3.5	3.5	3.5	3.5	3.5
混合维生素	2	2	2	2	2	2	2
混合矿物质	2	2	2	2	2	2	2
虾青素	0	0.01	0.04	0.07	0.1	0.13	0.16
营养成分							
粗蛋白	35.62	36.06	36.44	36.56	34.26	31.81	36.44
粗脂肪	9.80	10.80	10.55	9.67	9.82	9.58	9.46
灰分	8.58	7.78	7.72	7.86	7.89	7.74	7.78
水分	9.95	13.53	13.51	13.63	13.58	13.08	12.9

结果表明，60d 的饲养试验结束后，不同含量虾青素对锦鲤皮肤（带鳞片）和背鳍中类胡萝卜素含量的影响见表 4-5。可以看出，锦鲤皮肤中类胡萝卜素的含量随虾青素添加量的升高而递增，其中对照组的类胡萝卜素含量最低，100、400 组的类胡萝卜素含量与对照组间无显著差异（$P>0.05$）。当虾青素添加量达到 700mg/kg 时，锦鲤皮肤中类胡萝卜素的含量显著高于对照组（$P<0.05$）。当虾青素添加量达到 1 600mg/kg 时，锦鲤皮肤中类胡萝卜素的含量最高，并且显著高于其他各试验组（$P<0.05$）。添加不同含量的虾青素对锦鲤背鳍中类胡萝卜素含量的影响显著，其中对照组类胡萝卜素含量最低，其他各试验组均显著高于对照组（$P<0.05$），100、400 和 700 组间无显著差异（$P>0.05$）。锦鲤背鳍中类胡萝卜素含量的最高值出现在 1 600 组，但与 1 000组和 1 300 组相比差异不显著（$P>0.05$），与其他试验组相比差异显著（$P<0.05$）。

表 4 - 5　虾青素添加量对锦鲤皮肤和背鳍中类胡萝卜素含量的影响
（mg/kg）（崔培等，2013）

组别	皮肤	背鳍
对照	92.74±4.60[ab]	69.78±5.77[a]
100	113.32±0.17[b]	11.30±5.77[a]
400	123.99±3.55[bc]	114.93±1.93[bc]
700	127.54±2.06[c]	13.63±4.62[bc]
1 000	140.85±0.49[d]	148.37±4.62[cd]
1 300	148.14±7.24[d]	149.42±4.31[cd]
1 600	170.56±0.75[c]	167.20±3.92[d]

注：同列数字肩标不同字母表示组间差异显著（$P<0.05$）。

第六节　对东星斑体色的影响

人工养殖的东星斑皮肤颜色存在不同程度的退化，严重影响了东星斑的品质和市场售价。为了解决这个问题，关献涛等（2016）通过添加不同量的虾青素制成试验饲料，在一个循环水养殖系统中喂养东星斑 75d。该研究以生态营养、生理生化等学科理论和方法为指导，选择体形、色泽正常，健康状况良好，大小较一致［体长（16.8±0.65）cm，体重（92.13±7.91）g］的东星斑共 200 尾（部分多余备用），探究饲料中添加不同剂量的虾青素（0.05％、0.10％、0.15％、0.20％）对其体色的影响。每隔 15d 测定东星斑头颊部、鳃盖、背部、腹部、背鳍、胸鳍、尾鳍、尾柄的体色 L^* 值、a^* 值和 b^* 值 1 次。

该研究结果表明，虾青素能使东星斑的体色 L^* 值变小，也就是能使东星斑体色变暗。东星斑头颊部、腹部、胸鳍、尾鳍和尾柄的 L^* 值，添加组与空白对照组间差异显著（$P<0.05$），鳃盖、背部和背鳍的 L^* 值，添加组与空白对照组间差异不显著（$P>0.05$）。虾青素能使东星斑的体色 a^* 值变大，即能使东星斑体表红色程度变大，尤其是对腹部、鳃盖影响最大，所有 8 个部位的 a^* 值添加组与空白对照组间的差异均呈显著（$P<0.05$）。虾青素能使东星斑的体色 b^* 值变大，即能使东星斑的体色变得更黄，尤其是对腹部影响最大，所有 8 个部位的 b^* 值试验组与空白对照组间差异显著（$P<0.05$）。0.10％虾青素对东星斑体色 a^* 值和 b^* 值最为明显（图 4 - 2、图 4 - 3、

图 4-4）。

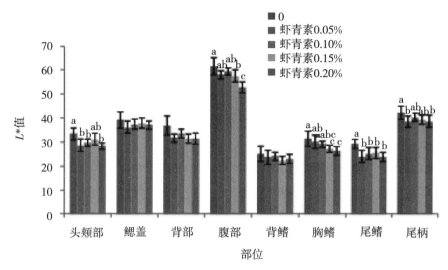

图 4-2　投喂添加不同剂量虾青素的试验饲料 75d 后东星斑
的体色 L^* 值（关献涛等，2016）

注：同组不同字母表示显著性差异（$P<0.05$）。图 4-3、图 4-4 同。

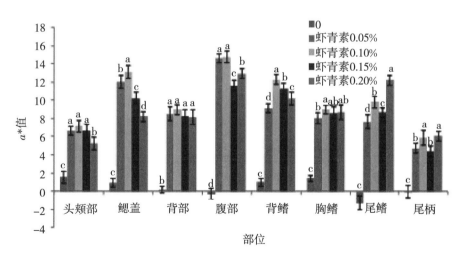

图 4-3　投喂添加不同剂量虾青素的试验饲料 75d
后东星斑的体色 a^* 值（关献涛等，2016）

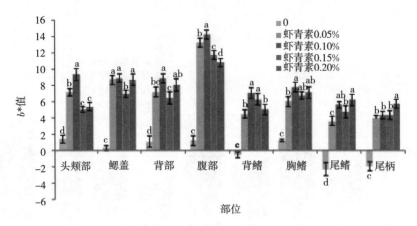

图 4-4　投喂添加不同剂量虾青素的试验饲料 75d
后东星斑的体色 b^* 值（关献涛等，2016）

第七节　对血鹦鹉体色的影响

在实际生产和家庭饲养血鹦鹉时，必须饲喂添加着色剂的专用饲料才能达到快速增色和保持体色的目的。在观赏鱼增色饲料中使用的着色剂种类主要是虾青素及富含虾青素的天然物质。李小慧等（2008）探讨了血鹦鹉增色饲料中虾青素的最适添加量及着色规律。

该研究在基础饲料中分别添加 0.3%（D1 组）、0.5%（D2 组）、0.8%（D3 组）的虾青素和 0.5% 虾青素＋20μg/kg 的甲基睾酮（D4 组），投喂 7cm 左右的血鹦鹉进行增色试验，初始色度见表 4-6。应用 SalmoFan（帝斯曼有限公司）比色板测定色度，观察增色过程中血鹦鹉的体色变化。研究结果表明，0.5% 和 0.8% 虾青素组增色效果好于 0.3% 虾青素组，但 0.5% 和 0.8% 组间差异不显著。0.5% 虾青素＋20μg/kg 的甲基睾酮组在试验开始后 1 周内色度增加速度高于 0.5% 虾青素组，但长期增色效果两组差异不显著。各试验组血鹦鹉色度增加随时间变化趋势基本一致，试验开始后 10d 内，色度增加速度较快，后期色度增加的速度趋于平缓，进入平台期（表 4-7、图 4-5）。

虾青素在鱼体内的沉积情况：解剖鱼体，肠道内容物为红色，比较未增色鱼，肠、肌肉和其他内脏器官都没有肉眼可见的变化。色素主要沉积在鳞片基部的皮肤、鳍条和鳃盖等部位。虾青素主要沉积在血鹦鹉的皮肤上。考虑成本因素，最终确定 0.5% 虾青素组增色效果好。

表4-6　血鹦鹉试验中试验鱼初始体表色度（李小慧等，2008）

组别	添加物	试验初始色度
D1	虾青素 3%	21.4±1.71
D2	虾青素 5%	21.1±0.79
D3	虾青素 8%	21.8±1.40
D4	虾青素 0.5%＋20μg/kg 甲基睾酮	22.6±2.10

表4-7　各试验组血鹦鹉体色度测量平均值（李小慧等，2008）

组别	第 3 天	第 5 天	第 8 天	第 11 天	第 20 天	第 32 天
D1	24.25± 1.37[aA]	25.55± 1.50[aA]	27.40± 1.23[aA]	27.95± 1.43[a]	28.50± 1.47[aA]	30.25± 1.02[aA]
D2	25.15± 1.42[bB]	27.55± 1.05[bB]	29.35± 1.27[bA]	27.95± 1.48[ab]	30.50± 1.43[bcB]	32.65± 0.93[bB]
D3	25.60± 1.14[bB]	27.25± 1.16[bB]	29.05± 1.15[bB]	30.00± 1.49[ab]	30.90± 1.25[bB]	33.10± 1.02[bB]
D4	26.15± 1.27[cB]	28.00± 0.97[bB]	30.04± 0.94[cC]	30.30± 2.72[b]	31.20± 1.15[cB]	32.25± 1.52[cB]

注：同列数据后不同大写字母表示差异极显著，不同小写字母表示差异显著。

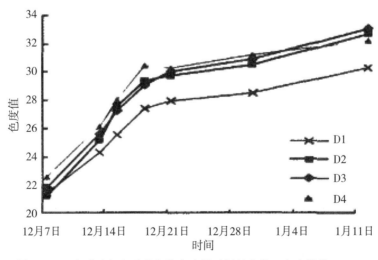

图4-5　4个试验组血鹦鹉鱼体色度随时间的变化（李小慧等，2008）

张晓红等（2010）也以血鹦鹉为对象，研究了虾青素对其体色的影响。该研究分别用添加 0、30mg/kg、100mg/kg、300mg/kg、500mg/kg、700mg/kg、900mg/kg 虾青素的饲料饲喂血鹦鹉 60d，测定血鹦鹉皮肤中的总类胡萝卜素含量和鱼体体色的三刺激值。结果显示，血鹦鹉皮肤总类胡萝卜素含量随着虾青素添加量的增加而升高，而三刺激值 X、Y、Z 则逐渐减小。总类胡萝卜素含量 300～900mg/kg 各组显著高于对照组（$P < 0.05$），500mg/kg、700mg/kg 和 900mg/kg 组显著高于 0、30mg/kg、100mg/kg 组（$P < 0.05$），而 500mg/kg、700mg/kg 和 900mg/kg 各组间差异不显著（$P > 0.05$）。总类胡萝卜素含量与三刺激值间的相关系数分别为 −0.966、−0.932、−0.981，均达到极显著水平（$P < 0.01$）（表 4 - 8、表 4 - 9、表 4 - 10）。可见，在饲料中添加虾青素可明显提高血鹦鹉皮肤类胡萝卜素含量，改善血鹦鹉体色，血鹦鹉体色的三刺激值与皮肤总类胡萝卜素含量有极高的相关性，可用测色色差计测定血鹦鹉的三刺激值，并以此来推算鱼体皮肤总类胡萝卜素含量，定量评价血鹦鹉的体色。

表 4 - 8　虾青素添加量对血鹦鹉皮肤中类胡萝卜素含量和

三刺激值的影响（张晓红等，2010）

虾青素添加量 （mg/kg）	总类胡萝卜素含量 （mg/kg）	X 值	Y 值	Z 值
0	34.02±9.15[a]	34.01±0.18[a]	595.28±5.19[a]	30.86±2.15[a]
30	48.31±16.76[ab]	32.73±2.37[ab]	543.10±45.93[b]	29.32±2.36[a]
100	68.68±17.75[ab]	29.83±2.50[cd]	451.72±42.12[c]	21.17±2.06[b]
300	79.41±1.66[bc]	30.24±1.59[bcd]	416.85±24.92[cd]	15.95±1.23[c]
500	118.87±20.21[cd]	28.55±1.29[de]	396.76±15.42[de]	6.53±1.23[d]
700	132.50±31.22[d]	27.43±0.71[cde]	375.97±7.63[de]	6.23±0.06[d]
900	141.97±39.33[d]	27.00±1.01[e]	363.20±15.30[e]	5.46±0.72[d]

表 4 - 9　血鹦鹉三刺激值和皮肤总类胡萝卜素含量的相关性（张晓红等，2010）

比较来源	相关系数
X 与总类胡萝卜素含量	−0.966
Y 与总类胡萝卜素含量	−0.932

（续）

比较来源	相关系数
Z 与总类胡萝卜素含量	-0.981

**表 4-10　血鹦鹉皮肤总类胡萝卜素含量 F 值与
三刺激值的回归方程**（张晓红等，2010）

比较来源	回归方程	拟合优度
F 与 X	$F=1\,937.33-106.83X+1.497X^2$	9.67
F 与 Y	$F=858.724-2.905Y+0.002\,6Y^2$	9.61
F 与 Z	$F=167.61-6.479\,3Z+0.007\,58Z^2$	9.76

第八节　对大鳞副泥鳅体色的影响

刘明哲（2020）以普通体色和金黄体色大鳞副泥鳅为研究对象，研究了虾青素对两种体色大鳞副泥鳅皮肤组织中色素细胞的影响。该研究将 600 尾体重为（11.25±0.16）g 的两种体色大鳞副泥鳅随机分成 4 组，每组 3 个重复，每个重复 50 尾。分别投饲添加 0 和 150mg/kg 虾青素的试验饲料饲养 60d。每 10d 采样一次，共采样 7 次，取样待测。

该研究中，虾青素对两种体色大鳞副泥鳅皮肤组织中色素细胞的影响结果如图 4-6 所示。普通体色大鳞副泥鳅的优势色素细胞为黑色素细胞，金黄体色大鳞副泥鳅的优势色素细胞为黄色素细胞和红色素细胞。在 0～60d 中，当虾青素的添加水平为 150mg/kg 时，两种体色大鳞副泥鳅的黑色素细胞数量逐渐减少，较为分散，且低于虾青素 0 添加组；而两种体色大鳞副泥鳅的黄色素细胞和红色为素细胞逐渐增多，分布较为密集，且高于虾青素 0 添加组。

该研究中，虾青素对两种体色大鳞副泥鳅皮肤组织中色素含量的影响如表 4-11 和表 4-12 所示。普通体色与金黄体色大鳞副泥鳅饲料中添加 150mg/kg 虾青素均能有效改变大鳞副泥鳅的体色。在 0d 和 10d 时，体色与虾青素水平的交互作用对不同体色大鳞副泥鳅皮肤组织中类胡萝卜素含量无显著性影响，但对 20d、30d、40d、50d 和 60d 的类胡萝卜素含量有显著性影响（$P<0.05$）。在 0～60d 中，当虾青素的添加水平为 0 时，普通体色大鳞副泥鳅皮肤

组织中类胡萝卜素含量呈现先升高后降低的趋势，金黄体色大鳞副泥鳅皮肤组织中类胡萝卜素含量呈现先平缓再下降然后再平缓的趋势；当虾青素的添加水平为 150mg/kg 时，普通体色和金黄体色大鳞副泥鳅皮肤组织中类胡萝卜素含量呈现先升高后平缓的趋势。两种体色大鳞副泥鳅皮肤组织中类胡萝卜素含量差异显著，且两种体色大鳞副泥鳅中虾青素 150mg/kg 添加组的类胡萝卜素量显著高于虾青素 0 添加组（$P<0.05$）。当虾青素的添加水平为 150mg/kg 时，两种体色大鳞副泥鳅皮肤中黑色素含量均低于虾青素 0 添加组，且在 0d 和 60d 时，体色与虾青素水平的交互作用对不同体色大鳞副泥鳅皮肤组织中黑色素含量无显著性影响，但对 10d、20d、30d、40d 和 50d 的黑色素含量有显著性影响（$P<0.05$）。在 0~60d 中，当虾青素的添加水平为 0 时，普通体色大鳞副泥鳅皮肤组织中黑色素含量呈现先升高后降低的趋势，金黄体色大鳞副泥鳅皮肤组织中黑色素含量呈现下降趋势；当虾青素的添加水平为 150mg/kg 时，普通体色大鳞副泥鳅皮肤组织中黑色素含量呈现先平缓后下降的趋势，金黄体色大鳞副泥鳅皮肤组织中黑色素含量呈现先下降后平缓趋势。两种体色大鳞副泥鳅皮肤组织中黑色素含量差异显著，且两种体色大鳞副泥鳅中虾青素 150mg/kg 添加组的黑色素含量显著低于虾青素 0 添加组（$P<0.05$）。

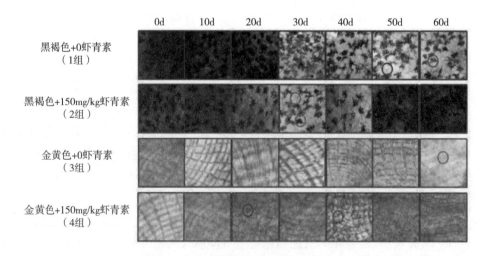

图 4-6　普通和金黄体色大鳞副泥鳅体色的细胞学观察结果（刘明哲等，2020）

注：1 组 50d，4 组 20d 和 40d（居下）圆圈表示红色素细胞；2 组 30d（居上），3 组、4 组 60d 圆圈表示黄色素细胞；1 组 60d，2 组 30d（居下），4 组 40d（居上）圆圈表示黑色素细胞。

表4-11　饲料中添加虾青素对不同体色大鳞副泥鳅皮肤中类胡萝卜素的影响（刘明哲等，2020）

项目	体色	虾青素 (mg/kg)	采样时间 (d)						
			0	10	20	30	40	50	60
类胡萝卜素	黑褐色	0	0.71±0.02[Ca]	0.77±0.02[AbCa]	0.78±0.01[Aa]	0.75±0.01[AbCa]	0.73±0.02[bCa]	0.68±0.03[Da]	0.59±0.06[Ea]
	黑褐色	150	0.71±0.01[Da]	0.91±0.03[Ca]	1.01±0.08[bCb]	1.12±0.05[Ab]	1.20±0.03[Ab]	1.26±0.10[Ab]	1.23±0.11[Ab]
	金黄色	0	6.36±0.14[Ab]	6.32±0.25[Ab]	6.26±0.09[Ac]	5.86±0.27[Bc]	5.63±0.34[Bc]	5.47±0.33[Bc]	5.54±0.39[Bc]
	金黄色	150	6.44±0.19[Bb]	6.83±0.12[Abc]	7.12±0.14[Ad]	7.21±0.06[Ad]	7.42±0.20[Ad]	7.37±0.24[Ad]	7.62±0.50[Ad]
主效应	黑褐色	—	0.71±0.02***	0.84±0.08***	0.90±0.04****	0.94±0.02****	0.96±0.03****	0.97±0.03****	0.91±0.04****
	金黄色	—	6.40±0.15*	6.58±0.33*	6.69±0.55*	6.53±0.46*	6.53±0.37*	6.42±0.37*	6.58±0.42*
	—	0	3.53±0.31**	3.55±0.33**	3.52±0.20**	3.31±0.28**	3.18±0.27**	3.07±0.21**	3.06±0.27**
	—	150	3.57±0.34**	3.87±0.21**	4.07±0.25***	4.16±0.30***	4.31±0.34***	4.32±0.33***	4.43±0.35***
双因素方差分析 P 值	体色		0.00	0.00	0.00	0.00	0.00	0.00	0.00
	虾青素水平		0.54	0.00	0.00	0.00	0.00	0.00	0.00
	体色×虾青素水平		0.59	0.05	0.00	0.00	0.00	0.00	0.01

注：类胡萝卜素同大写字母表示同行数据差异显著（$P<0.05$），不同小写字母表示同列数据差异显著（$P<0.05$）；主效应不同星号表示同列数据差异显著（$P<0.05$）。表4-12同。

表4-12 饲料中添加虾青素对不同体色大鳞副泥鳅皮肤组织中黑色素含量的影响（刘明哲等，2020）

项目	体色	虾青素 (mg/kg)	采样时间 (d)						
			0	10	20	30	40	50	60
黑色素	黑褐色	0	5.51 ± 0.10^{CDa}	5.77 ± 0.04^{ABCa}	5.78 ± 0.11^{ABa}	5.96 ± 0.11^{Aa}	5.81 ± 0.04^{ABCa}	5.51 ± 0.06^{BCa}	5.54 ± 0.40^{Da}
	黑褐色	150	5.48 ± 0.07^{Aa}	5.33 ± 0.07^{Ab}	5.34 ± 0.09^{Ab}	5.26 ± 0.03^{Ab}	5.21 ± 0.09^{ABb}	5.10 ± 0.01^{BCb}	4.70 ± 0.23^{Cb}
	金黄色	0	1.09 ± 0.11^{Ab}	1.03 ± 0.05^{ABCc}	1.03 ± 0.05^{ABCc}	0.92 ± 0.01^{BCc}	0.87 ± 0.01^{Cc}	0.81 ± 0.01^{Cc}	0.91 ± 0.08^{Cc}
	金黄色	150	1.06 ± 0.08^{Ab}	0.88 ± 0.01^{Bd}	0.88 ± 0.01^{Bd}	0.69 ± 0.01^{Dd}	0.55 ± 0.01^{Ed}	0.51 ± 0.01^{Ed}	0.46 ± 0.04^{Ed}
主效应	黑褐色	—	$5.49\pm0.08^{*}$	$5.55\pm0.25^{*}$	$5.60\pm0.30^{*}$	$5.61\pm0.39^{*}$	$5.5\pm0.34^{*}$	$5.30\pm0.23^{*}$	$5.12\pm0.50^{*}$
	金黄色	—	$1.08\pm0.09^{***}$	$0.96\pm0.08^{***}$	$0.89\pm0.08^{***}$	$0.80\pm0.07^{***}$	$0.71\pm0.06^{***}$	$0.66\pm0.06^{***}$	$0.69\pm0.03^{***}$
	—	0	$3.30\pm0.21^{**}$	$3.40\pm0.16^{**}$	$3.42\pm0.17^{**}$	$3.44\pm0.21^{**}$	$3.34\pm0.27^{**}$	$3.16\pm0.15^{**}$	$3.21\pm0.34^{**}$
	—	150	$3.27\pm0.24^{**}$	$3.11\pm0.11^{***}$	$3.07\pm0.11^{***}$	$2.97\pm0.15^{***}$	$2.88\pm0.11^{***}$	$2.80\pm0.10^{***}$	$2.63\pm0.25^{**}$
双因素方差分析P值	体色		0.00	0.00	0.00	0.00	0.00	0.00	0.00
	虾青素水平		0.68	0.00	0.00	0.00	0.00	0.00	0.00
	体色×虾青素水平		0.98	0.00	0.00	0.00	0.00	0.02	0.20

该研究中，$Sox10$、$Agouti$、$Mc1r$、$Mitf$、Tyr、$Tyrp1$ 和 $Tyrp2$ 基因在不同体色大鳞副泥鳅皮肤和肌肉组织中均表达。当添加 0 虾青素时，普通和金黄两种体色大鳞副泥鳅之间的 $Sox10$、$Agouti$、$Mitf$、Tyr、$Tyrp1$ 和 $Tyrp2$ mRNA 表达量均差异显著（$P<0.05$）；两种体色大鳞副泥鳅之间的 $Mc1r$ mRNA 表达量无显著性差异。当添加 150mg/kg 虾青素时，普通和金黄两种体色大鳞副泥鳅之间的 $Sox10$、$Agouti$、$Mitf$、Tyr、$Tyrp1$ 和 $Tyrp2$ mRNA 表达量均差异显著（$P<0.05$）；两种体色大鳞副泥鳅之间的 $Mc1r$ mRNA 表达量无显著性差异。虾青素为 150mg/kg 添加组的 $Sox10$、$Agouti$、$Mitf$、Tyr、$Tyrp1$ 和 $Tyrp2$ 基因与虾青素 0 添加组相比差异显著（$P<0.05$），但 $Mc1r$ 基因无显著差异。综合以上结果表明，大鳞副泥鳅饲料中添加 150mg/kg 虾青素能使鱼体皮肤组织中类胡萝卜素含量升高，黑色素含量下降，此外能够调控体色相关基因 $Sox10$、$Agouti$、$Mc1r$、$Mitf$、Tyr、$Tyrp1$ 和 $Tyrp2$ 在鱼体皮肤和肌肉组织中的 mRNA 表达，而对 $Mc1r$ 基因的表达没有影响。

第九节　对黄颡鱼体色的影响

陈秀梅等（2022）研究了不同添加水平虾青素对黄颡鱼体色的影响。该研究在基础饲料中分别添加 0、50mg/kg、100mg/kg、150mg/kg、200mg/kg 的虾青素，制成 5 种饲料，分别饲喂黄颡鱼幼鱼 8 周，检测虾青素对黄颡鱼背部和腹部皮肤色度值和总类胡萝卜素含量的影响。结果表明，150mg/kg 及 200mg/kg 组黄颡鱼背部及腹部皮肤的亮度、红度、黄度均显著高于对照组（$P<0.05$）；150mg/kg 及 200mg/kg 组黄颡鱼背部及腹部皮肤总类胡萝卜素含量显著高于对照组（$P<0.05$）（表 4-13、表 4-14）。

表 4-13　虾青素对黄颡鱼皮肤色度值的影响（陈秀梅等，2022）

	项目	0（对照）组	50mg/kg 组	100mg/kg 组	150mg/kg 组	200mg/kg 组
背部	亮度（L^*）	38.58 ± 2.44^a	39.67 ± 2.98^a	43.12 ± 2.86^{ab}	48.28 ± 2.34^b	48.72 ± 4.35^b
	红度（a^*）	-3.37 ± 0.50^a	-2.99 ± 0.19^{ab}	-2.93 ± 0.31^a	-2.62 ± 0.36^b	-2.34 ± 0.30^b
	黄度（b^*）	24.80 ± 2.59^a	29.90 ± 3.56^{ab}	32.82 ± 5.21^b	37.27 ± 3.55^{bc}	40.41 ± 4.02^c
腹部	亮度（L^*）	66.58 ± 2.54^a	69.00 ± 1.85^{ab}	72.79 ± 2.32^{bc}	76.28 ± 3.30^a	76.72 ± 2.32^a
	红度（a^*）	-5.72 ± 0.50^a	-5.33 ± 0.19^{ab}	-5.27 ± 0.30^{ab}	-4.96 ± 0.36^b	-4.68 ± 0.30^b
	黄度（b^*）	39.14 ± 3.55^a	41.92 ± 3.06^{ab}	48.50 ± 4.11^b	55.29 ± 3.52^a	61.42 ± 4.16^c

表 4-14 虾青素对黄颡鱼皮肤总类胡萝卜素含量的影响
（mg/kg）（陈秀梅等，2022）

项目	0（对照）组	50mg/kg 组	100mg/kg 组	150mg/kg 组
背部	5.07 ± 0.76^a	6.16 ± 0.92^{ab}	6.90 ± 0.84^b	9.04 ± 0.76^c
腹部	7.52 ± 0.76^a	8.61 ± 0.92^a	9.36 ± 0.84^a	11.49 ± 1.06^b

第十节　对大黄鱼体色的影响

长时间人工增养殖，缺乏有效良种选育，加之养殖环境恶化及配合饲料与天然饵料之间的营养差异，造成养殖大黄鱼出现体色退化、体脂含量过高、抗病力下降等现象，极大影响其商品价值及养殖效益。因此，如何改善大黄鱼的体色并提高其免疫能力是大黄鱼产业亟须解决的问题。韩星星等（2018）为此研究了虾青素和叶黄素对大黄鱼体色的影响。

该研究在基础饲料中分别添加 0（对照组 D1）、100mg/kg（D2）、200mg/kg（D3）、300mg/kg（D4）叶黄素和虾青素（1:1）混合色素配制成 4 种等氮等能饲料（表 4-15），选择平均体重为（365.45±5.83）g 的大黄鱼 1 800 尾，随机分为 4 组，每组设置 3 个重复，每个重复 150 尾，进行为期 60d 投喂试验。结果表明，投喂 30d 后，色素添加组大黄鱼背部和腹部皮肤的黄色值（b^*）显著高于对照组（$P<0.05$）；试验结束时，除 D2 组的大黄鱼腹部皮肤的红色值（a^*）显著高于其他组（$P<0.05$）外，各组之间大黄鱼背部及腹部皮肤亮度值（L^*）和红色值（a^*）均无显著性差异（$P>0.05$），各色素添加组的大黄鱼背部和腹部皮肤的黄色值（b^*）无显著性差异（$P>0.05$），但均显著高于对照组（$P<0.05$）（表 4-16、表 4-17）。

表 4-15 大黄鱼各试验饲料中叶黄素与虾青素添加量（韩星星等，2018）

试验组	叶黄素＋虾青素（1:1）
D1（0）	0
D2（100mg/kg）	叶黄素 2.5g＋虾青素 0.5g
D3（200mg/kg）	叶黄素 5.0g＋虾青素 1.0g
D4（300mg/kg）	叶黄素 7.5g＋虾青素 1.5g

表 4 - 16　试验 30d 后饲料色素对各组试验大黄鱼

体色的影响（韩星星等，2018）

组别	背部皮肤			腹部皮肤		
	L^*	a^*	b^*	L^*	a^*	b^*
D1	58.37±7.66	1.12±1.04	6.93±2.91[a]	89.93±3.14	0.61±0.64	17.24±6.36[a]
D2	57.78±11.81	1.28±1.88	10.28±1.88[b]	87.46±3.71	0.90±1.94	30.69±13.97[b]
D3	61.77±9.86	0.89±1.29	11.51±3.86[b]	88.91±2.42	0.76±1.24	24.58±7.54[ab]
D4	60.79±6.68	1.13±1.50	14.24±3.31[c]	85.40±11.67	1.79±1.35	27.34±9.38[b]

注：不同字母表示差异显著（$P<0.05$）。表 4 - 17 同。

表 4 - 17　试验 60d 后饲料色素对各组试验大黄鱼体色的影响（韩星星等，2018）

组别	背部皮肤			腹部皮肤		
	L^*	a^*	b^*	L^*	a^*	b^*
D1	73.20±4.86[a]	0.9±0.82	10.20±1.90[b]	84.01±2.29[b]	0.22±1.01[a]	9.43±1.75[b]
D2	74.70±13.95[a]	0.5±0.79	19.02±6.12[a]	74.83±10.14[a]	0.15±0.67[a]	18.31±4.25[a]
D3	75.30±9.23[a]	1.1±1.10	16.70±4.07[a]	75.74±9.92[a]	1.00±1.07[b]	20.01±9.18[a]
D4	65.99±7.60[b]	0.5±1.14	17.54±3.64[a]	82.14±2.76[b]	0.65±0.63[ab]	18.81±6.61[a]

第十一节　对红小丑鱼体色的影响

　　为培育出高品质，体色和野生小丑鱼接近的品种，养殖户常用虾青素来调控小丑鱼体色。虾青素添加在饲料中成本较高，且过量的虾青素可能也会使鱼类出现代谢压力。目前，关于红小丑鱼体内虾青素代谢规律的研究还较少。张芬等（2018）通过使用不同浓度的虾青素投喂红小丑鱼，研究虾青素在鱼体内的沉积和降解规律，摸索海洋观赏鱼养殖过程中虾青素的最适投喂量，以及虾青素降解过程中色素合成相关基因 $Tyrp1$ 表达量的变化规律。该试验以初始体重为（4.88±0.90）g、体长为（4.85±0.32）cm 的红小丑鱼为养殖对象，在循环水自然光下进行养殖。设计试验组和对照组，对照组投喂不添加虾青素的饲料，试验组投喂添加 0.2%、0.4%、0.6%、0.8% 虾青素含量的饲料，以每组 3 个统计学水平重复，试验周期为 20d。

　　该研究结果发现：①添加虾青素组的红小丑鱼胃肠消化酶活性均高于未添加虾青素组，当虾青素的添加量为 0.6%～0.8% 时，胃肠道的消化酶出现较高活性，说明虾青素对红小丑鱼的健康活性有着积极的影响，在一定的范围内，随着虾青素含量的升高，这种影响也随之增大。②试验组和对照组相比，红小丑鱼体表红度值 a^* 差异显著（$P<0.05$）；虾青素添加量为 0.8% 时，红度值 a^* 达到最高。背腹部黄度值 b^* 值在 0.6% 时最高，当高于 0.6% 时，其值下降，且不同虾青素添加量对鳍的 b^* 值没有显著影响。此外，不同虾青素添加量对红小丑鱼体表的 L^* 值也无显著影响。③鱼皮肤和鳍中虾青素沉积量变化趋势和色度值 a^* 值变化规律大体相似，皮肤中沉积的虾青素含量随着其在饲料中添加量的增加而增加，鳍沉积虾青素出现先上升再下降的趋势。添加虾青素后鱼鳍中能检测到叶黄素，0.6%~0.8% 与 0（对照组）相比差异极为显著（$P<0.01$），而皮肤中未曾检测到叶黄素。由此看出增色过程中，虾青素的投喂量为 0.6%~0.8% 最为适宜（图 4-7 至图 4-16）。

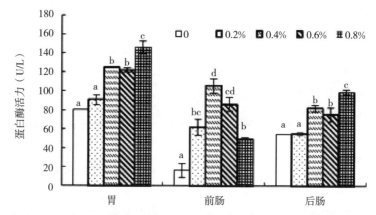

图 4-7　饲料中虾青素含量对红小丑鱼蛋白酶活性的影响（张芬，2018）
注：不同字母表示两组间差异显著（$P<0.05$），图 4-8 至图 4-20 同。

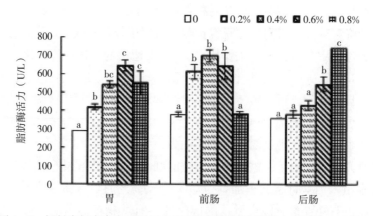

图 4-8　饲料中虾青素含量对红小丑鱼脂肪酶活性的影响（张芬，2018）

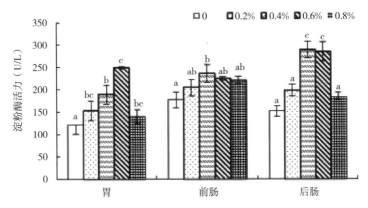

图 4-9 饲料中虾青素含量对红小丑鱼淀粉酶活性的影响（张芬，2018）

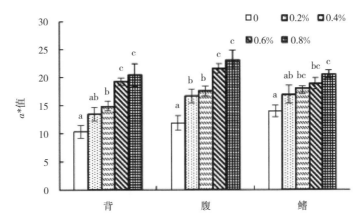

图 4-10 不同虾青素添加量对红小丑鱼背、腹、鳍色度 a^* 值的影响（张芬，2018）

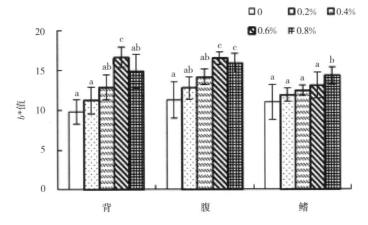

图 4-11 不同虾青素添加量对红小丑鱼背、腹、鳍色度 b^* 值的影响（张芬，2018）

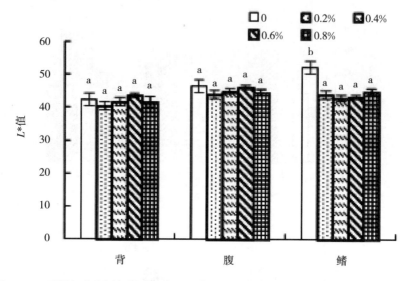

图 4-12　不同虾青素添加量对红小丑鱼背、腹、鳍色度 L^* 值的影响（张芬，2018）

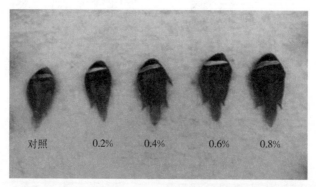

图 4-13　不同含量的虾青素对红小丑鱼的影响（张芬，2018）

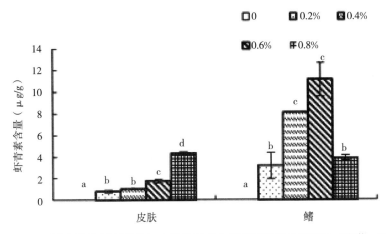

图 4-14　不同含量的虾青素对红小丑鱼组织内虾青素沉积量的影响（张芬，2018）

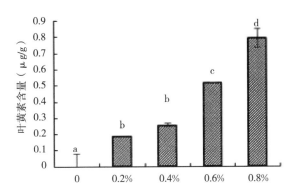

图 4-15　不同虾青素添加量对红小丑鱼叶黄素含量的影响（张芬，2018）

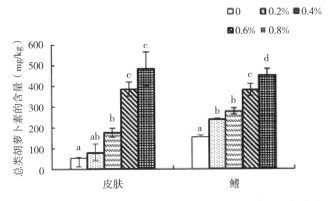

图 4-16　不同虾青素添加量对红小丑鱼皮肤、鳍中总类胡萝卜素含量的影响（张芬，2018）

另外，张芬等（2018）为研究虾青素在红小丑鱼体内的降解规律，选用平均体长（3.8±0.2）cm、平均体重（1.2±0.2）g的红小丑鱼作为试验鱼，试验鱼先暂养一段时间，以0.8％虾青素含量的饲料饲养至体色稳定，立即停喂虾青素，取样作为对照组（0d），之后分别在3d、6d、13d、21d时取样一次，测定鱼体表的a^*值和b^*值、体表组织虾青素和叶黄素的含量以及色素合成相关基因$Tyrp1$相对表达量。结果显示：①随着停止投喂虾青素的时间延长，鱼体的a^*值和b^*值逐渐降低（$P<0.05$），3d降低值最大，之后降低值减小。②皮肤、鳍中虾青素和叶黄素随着停止时间的延长均逐渐降低，此外，两者的降解趋势相似，3d降解值最大，6d降解变小，虾青素和叶黄素依然处于降解趋势，但是降解的差异不显著（$P>0.05$）。相比于3d降解差异显著（$P<0.05$）；13d、21d降解速率继续降低，降解差异不显著（$P>0.05$）。③皮肤、鳍、肌肉$Tyrp1$在虾青素停止投喂后21d表达量最高。随着虾青素停止投喂时间的延长，皮肤、鳍、肌肉$Tyrp1$表达量在3d、6d、13d、21d逐渐上调。皮肤$Tyrp1$表达量在13d上调差异显著（$P<0.05$），鳍部组织$Tyrp1$在6d表达量上调差异显著（$P<0.05$），肌肉组织中$Tyrp1$在13d表达量上调差异显著（$P<0.05$）（表4-18，图4-17至图4-20）。

表4-18　停喂虾青素后红小丑鱼色度值的变化（张芬，2018）

指标	0（初始值）	3d	6d	13d	21d
背部a^*（红度）值	18.78±4.08[c]	14.02±2.49[b]	12.84±2.90[b]	10.65±2.03[b]	8.57±1.12[a]
背部b^*（黄度）值	16.04±1.81[c]	10.56±2.67[b]	7.01±2.44[a]	6.44±1.97[a]	5.24±1.22[a]
腹部a^*（红度）值	30.76±1.92[c]	21.92±3.67[b]	16.34±3.28[a]	14.47±2.93[a]	14.22±3.59[a]
腹部b^*（黄度）值	30.24±2.93[c]	21.97±5.45[b]	15.89±2.63[a]	14.74±3.50[a]	14.85±3.19[a]
鳍中a^*（红度）值	28.17±3.92[b]	28.12±5.60[b]	26.87±5.78[b]	22.89±1.87[a]	16.55±5.82[a]
鳍中b^*（黄度）值	38.20±4.24[d]	30.29±7.50[c]	27.62±3.06[c]	20.86±3.51[b]	13.10±5.36[a]

注：不同字母表示差异显著（$P<0.05$）。

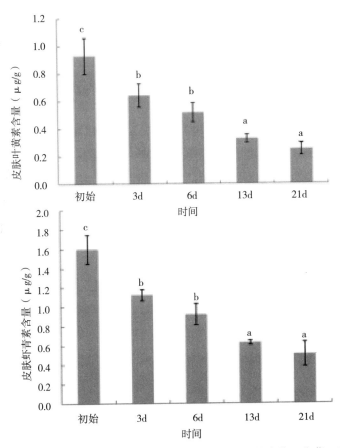

图 4-17 停喂虾青素后红小丑鱼皮肤组织色素含量的变化（张芬，2018）

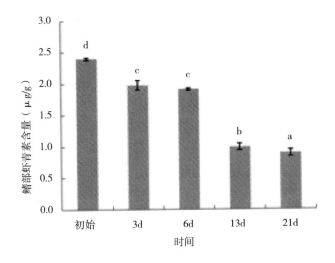

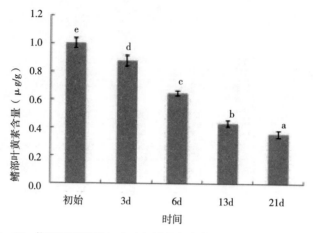

图 4-18 停喂虾青素后红小丑鱼鳍部色素含量的变化（张芬，2018）

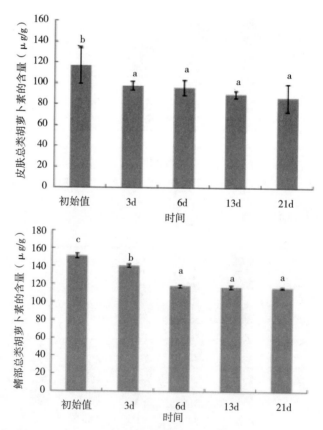

图 4-19 停喂虾青素后红小丑鱼皮肤和鳍部总类胡萝卜素含量的变化（张芬，2018）

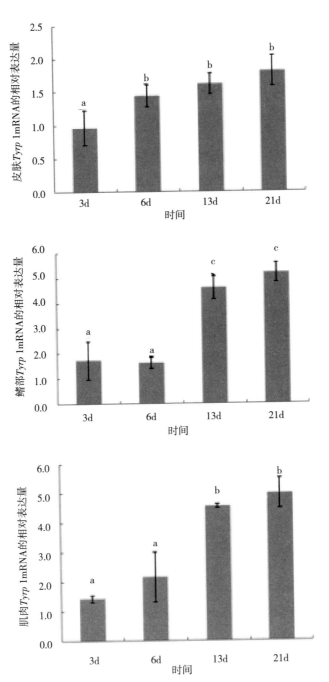

图 4-20　停喂虾青素后红小丑鱼虾青素降解过程中 *Tyrp* 1mRNA
表达水平的变化（张芬，2018）

第十二节 对其他鱼类体色的影响

野生乌鲂微红色的表皮着色主要是由于虾青素的存在，而没有喂食虾青素的养殖乌鲂体内的虾青素含量仅为野生的5％。在饲料中添加其他类胡萝卜素（如β-胡萝卜素、叶黄素、角黄素和紫黄质）均不能使乌鲂着色，也不能转化为虾青素。因此，必须饲喂虾青素以使养殖的乌鲂获得微红的着色。王海芳等（2016）在饲料中添加虾青素可以显著增加凡纳滨对虾体内虾青素的含量。王锐等（2005）研究报道，红剑尾鱼、丽鱼和金鱼摄食添加量为30mg/kg虾青素饲料，可以显著增加的鱼体色素的沉积，提高观赏价值。

鱼类体色并非始终随饲料中色素添加量的增加而加深，当色素添加量超出一定限度时，鱼体中沉淀的色素量会随饲料中色素添加量的增加而下降。邱春吟和洪桂珍（1992）报道，在罗非鱼、大麻哈鱼、鲤、斑节对虾等的养殖过程中添加适量的虾青素、玉米黄素等均能改善鱼的体色和肉质，增加色素在皮肤、肌肉的沉积量。因此，要在饲料中添加适量的虾青素，才能明显改善体色，增加肌肉及鱼体其他部位色素的沉积。

第五章　虾青素的抗氧化作用

第一节　对锦鲤抗氧化作用的影响

　　试验设计见第三章第一节。由表 5 - 1 可知，肝脏中 SOD、CAT 和 GPx 活性在 400mg/kg 组最高，显著高于对照组以及 200mg/kg、800mg/kg、1 000mg/kg组（$P<0.05$），而上述指标在后面这几组之间差异并不显著（$P>0.05$）；肝脏 T-AOC 随着虾青素添加量的增加呈先升高后降低的趋势，且在 400mg/kg 组达到最大，400mg/kg 和 600mg/kg 组显著高于对照组以及 800mg/kg、1 000mg/kg 组（$P<0.05$），对照组以及800mg/kg、1 000mg/kg 组之间并无显著差异（$P>0.05$）；肝脏中 MDA 含量随着虾青素添加量的增加呈先下降后上升的趋势，在 400mg/kg 组达到最低，200mg/kg、400mg/kg、600mg/kg 组显著低于对照组（$P<0.05$），800mg/kg、1 000mg/kg 组与对照组无显著差异（$P>0.05$）。

　　正常状态下，机体的抗氧化系统本身具有清除氧自由基的能力，鱼体内的抗氧化酶主要包括 SOD、CAT 和 GPx 等。其中，SOD 能够催化超氧阴离子自由基生成过氧化氢，从而清除超氧阴离子自由基；而 CAT 可以催化过氧化氢生成水和氧气。虾青素作为一种消除超氧阴离子自由基的物质，由于具有独特的分子结构，其抗氧化能力比 β-类胡萝卜素和维生素 E 更强、更有效。本研究结果显示（表 5 - 1），饲料中添加一定量的虾青素可以显著提高锦鲤肝脏中 SOD、CAT、GPx 活性和 T-AOC，并降低 MDA 的含量。MDA 是脂质过氧化的反应产物，其在机体中的积累程度可以反映机体过氧化受损状况。本研究结果表明虾青素有较高的抗氧化功能，能清除氧自由基，防止机体受损。这是由于虾青素中具有不饱和酮基、较长共轭双键和羟基，这些结构使其具有清除自由基的能力，从而可以阻止机体受自由基的损伤。

表 5 - 1　不同添加量的虾青素对锦鲤肝脏抗氧化指标的影响

虾青素添加量（mg/kg）	超氧化物歧化酶 SOD（U/mg）	过氧化物酶 CAT（U/mg）	谷胱甘肽过氧化物酶 GPx（U/mg）	总抗氧化能力 T-AOC（U/mg）	丙二醛 MDA（nmol/mg）
0	62.70±1.25[c]	9.95±0.19[b]	27.14±0.54[c]	21.42±0.58[c]	8.10±0.49[a]
200	72.28±1.10[bc]	10.80±0.51[b]	30.96±1.15[bc]	24.58±0.70[ab]	6.54±0.66[bc]
400	83.94±2.30[a]	13.32±0.37[a]	36.34±1.00[a]	27.11±0.75[a]	5.16±0.45[c]
600	81.04±5.05[ab]	12.86±0.80[a]	35.42±1.91[ab]	26.82±1.67[a]	6.25±0.21[bc]
800	63.54±4.35[c]	11.08±0.59[b]	30.84±2.11[bc]	22.69±0.57[bc]	7.17±0.23[ab]
1 000	61.59±3.73[c]	10.11±0.35[b]	30.0±2.11[c]	22.05±0.88[bc]	7.34±0.59[ab]

注：不同字母表示差异显著（$P<0.05$）。

第二节　对虹鳟抗氧化作用的影响

张春燕等（2021）选取体质健壮、大小均匀的虹鳟 375 尾，随机分为 5 组，分别为基础饲料和在基础饲料中添加 1.0g/kg 合成虾青素（Ast）、6.5g/kg 福寿花花瓣粉（AF）、3.4g/kg 福寿花提取物（AE）和 4.4g/kg 雨生红球藻提取物（HE）折算成虾青素含量均为 100mg/kg 的试验饲料，喂养虹鳟 6 周。由表 5 - 2 可知，各虾青素添加组肌肉和血清的 T-SOD 活性和 MDA 含量均显著低于对照组（$P<0.05$），Ast、AF、AE 和 HE 组各组织的抑制羟自由基能力均显著高于对照组（$P<0.05$）；AF 组的肌肉抗氧化指标与 AE 组无显著差异（$P>0.05$），但肝脏抑制羟自由基能力显著低于 AE 组（$P<0.05$），血清 T-SOD 活性显著高于 AE 组（$P<0.05$）；AE 和 HE 组的肌肉、肝脏和血清抗氧化指标与 Ast 组均无显著差异（$P>0.05$）。

表 5 - 2　不同来源的虾青素对虹鳟肌肉、肝脏和血清抗
氧化能力对影响（张春燕等，2021）

组织	项目	对照组	合成虾青素组（Ast）	福寿花花瓣组（AF）	福寿花提取物组（AE）	雨生红球藻提取物组（HE）
肌肉	总氧化物歧化酶 T-SOD（U/mg）	8.66±0.41[b]	6.45±0.66[a]	6.69±0.74[a]	6.24±0.53[a]	6.14±0.51[a]
	丙二醛 MDA（nmol/mg）	11.39±1.45[b]	7.01±0.91[a]	7.79±0.73[a]	6.44±0.65[a]	6.44±0.76[a]

（续）

组织	项目	对照组	合成虾青素组（Ast）	福寿花花瓣组（AF）	福寿花提取物组（AE）	雨生红球藻提取物组（HE）
肌肉	抑制羟自由基能力（U/mg）	7.25±0.96a	12.84±1.06b	11.26±1.26b	12.23±0.78b	12.99±1.24b
肝脏	总氧化物歧化酶 T-SOD（U/mg）	5.32±0.16b	4.44±0.17a	4.87±0.19ab	4.57±0.59a	4.58±0.03a
	丙二醛 MDA（nmol/mg）	2.68±0.42c	1.89±0.32ab	2.41±0.50bc	1.63±0.57a	1.85±0.49ab
	抑制羟自由基能力（U/mg）	12.75±2.34a	19.02±0.96bc	16.84±1.51b	21.74±3.12c	19.70±2.63bc
血清	总氧化物歧化酶 T-SOD（U/mL）	249.17±8.73c	211.52±5.86ab	216.79±2.43b	204.16±7.00a	208.72±8.27ab
	丙二醛 MDA（nmol/mL）	13.11±1.05c	4.39±0.71a	7.43±0.91b	5.47±1.55ab	5.77±0.97ab
	抑制羟自由基能力（U/mL）	89.43±9.88a	193.35±10.78b	190.56±4.19b	205.60±1.05b	200.64±9.90b

第三节　对鹦鹉鱼抗氧化作用的影响

孙学亮等（2017）将 540 尾 1 龄健康的鹦鹉鱼［体重为（8.23±0.52）g］为研究对象，试验时间为 30d。试验分为 3 个组：A 组为添加 1% 虾青素＋0.3% 维生素 E；B 组为添加 1% 虾青素＋0.3% 磷脂；C 组为对照组（未添加任何色素和载体）。由表 5-3 可知，A 组（1% 虾青素＋0.3% 维生素 E）的 SOD 活性显著高于 B 组（1% 虾青素＋0.3% 磷脂）、C 组（对照）的 SOD 活性（$P<0.05$），C 组 SOD 活性显著高于 B 组的 SOD 活性（$P<0.05$），A、B、C 组的 SOD 活性均存在显著差异，A 组的 SOD 活性最高；A、B、C 组的 CAT 活性均存在显著差异，A 组的 CAT 活性最高，显著高于 B、C 组的 CAT 活性（$P<0.05$），B 组的 CAT 活性显著高于 C 组的 CAT 活性（$P<0.05$）；A、C 组的 MDA 含量显著低于 B 组的 MDA 含量（$P<0.05$），A、C 组的 MDA 含量差异不显著（$P>0.05$）。该试验中 A 组 SOD、CAT 活性最高，MDA 含量最低，说明虾青素具有很好的抗氧化能力。由于虾青素和维生素 E 均能提高 SOD、CAT 的活性并且同时抑制 MDA 含量的增加，因此虾青素与维生素 E 组合形成的虾青素混合物（A 组）对鹦鹉鱼的抗氧化能力较强，效果较好。

表 5 - 3 虾青素混合物对鹦鹉鱼肝胰脏抗氧化指标的影响（孙学亮等，2017）

组别	SOD 活性（U/mg）	CAT 活性（U/mg）	MDA 含量（nmol/mg）
A	215.39±8.18[a]	253.55±8.30[a]	24.29±1.15[b]
B	113.68±8.46[c]	144.48±7.52[b]	47.50±7.94[a]
C	159.87±1.61[b]	108.95±5.71[c]	24.87±0.77[b]

注：同列不同小写字母表示差异显著（$P<0.05$）。

第四节 对大黄鱼抗氧化作用的影响

韩星星等（2018）在基础饲料中分别添加 0（对照组 D1）、100mg/kg（D2）、200mg/kg（D3）、300mg/kg（D4）叶黄素和虾青素（1∶1）混合色素配制成 4 种等氮等能饲料（表 5 - 4），选择平均体重为（365.54±5.83）g 的大黄鱼 1 800 尾，随机分为 4 组，每组设置 3 个重复，每个重复 150 尾，进行为期 60d 投喂试验。

表 5 - 4 各试验饲料中叶黄素与虾青素添加量

试验组	叶黄素＋虾青素（1∶1）
D1（0）	0
D2（100mg/kg）	叶黄素 2.5g＋虾青素 0.5g
D3（200mg/kg）	叶黄素 5.0g＋虾青素 1.0g
D4（300mg/kg）	叶黄素 7.5g＋虾青素 1.5g

试验结果显示（表 5 - 5），D4 组大黄鱼肝脏总抗氧化能力（T-AOC）活力最高（4.71U/mg），显著高于 D2 和 D3 组，但 D2 和 D3 组之间差异不显著（$P>0.05$）。对照组 D1 大黄鱼肝脏 T-AOC 活力最低，显著低于其他组（$P<0.05$）。各组大黄鱼肝脏的超氧化物歧化酶（SOD）和过氧化氢酶（CAT）活性都随着色素添加水平的增加呈现先上升后下降趋势，D4 组两种酶活性均显著低于 D3 组（$P<0.05$）；D2 和 D3 组 SOD 酶活性无显著差异，但都显著高于 D1 组（$P<0.05$）。D1 和 D2 组肝脏丙二醛（MAD）含量分

别为 23.55nmol/mg 和 23.62nmol/mg，显著高于 D3（5.79nmol/mg）和 D4（2.04nmol/mg）组，且 D4 组显著低于 D3 组（$P<0.05$）。饲料中添加一定量的雨生红球藻粉可以显著提高大黄鱼机体的抗氧化能力。

表 5 - 5　饲料色素对大黄鱼肝脏抗氧化指标的影响（韩星星等，2018）

指标	D1	D2	D3	D4
T-AOC（U/mg）	0.59±0.04[a]	0.92±0.05[b]	1.02±0.58[b]	4.71±1.78[a]
SOD（U/mg）	80.33±13.94[a]	142.46±12.85[a]	145.71±11.14[b]	125.31±7.76[b]
CAT（U/mg）	102.1±11.39[c]	228.46±23.45[b]	246.61±13.0[a]	216.62±11.50[b]
MAD（nmol/mg）	23.55±4.08[a]	23.62±0.70[a]	5.79±10.27[b]	2.04±0.79[a]

注：同列不同小写字母表示差异显著（$P<0.05$）。

第五节　虾青素和脂多糖对卵形鲳鲹抗氧化作用的影响

卵形鲳鲹（*Trachinotus ovatus*）俗称金鲳，属于硬骨鱼纲、鲈形目、鲹科、鲳鲹属，是一种广盐性（盐度适应范围为 3～33），暖水中上层海洋鱼类（温度适应范围为 16～36℃，生长最适范围为 22～28℃），生长迅速，环境适应能力强，成活率高。为研究虾青素对卵形鲳鲹幼鱼抗氧化能力的影响，以鱼粉、豆粕、面粉为主要原料，配制 6 种等氮等脂试验饲料，添加虾青素（AST）和脂多糖（LSP），添加量分别为 D1（AST 0＋LSP 0）、D2（AST 0＋LSP 1mg/kg）、D3（AST 0.05%＋LSP 1mg/kg）、D4（AST 0.1%＋LSP 1mg/kg）、D5（AST 0.2%＋LSP 1mg/kg）、D6（AST 0.2%）。养殖 8 周后，随着虾青素添加量的增加，总抗氧化能力呈先显著上升然后平缓的趋势，D5 组和 D6 组显著高于其他各组（$P<0.05$）。超氧化物歧化酶和羰基蛋白呈现随虾青素添加量增加显著下降的趋势，SOD 最小值在 D6 组，与 D3、D4 和 D5 组没有显著差异（$P>0.05$），但与 D1 和 D2 组差异显著（$P<0.05$）。羰基蛋白最小值在 D6 组，与 D4、D5 组差异不显著（$P>0.05$），但显著低于其他各组（$P<0.05$）。丙二醛总体也呈现下降的趋势，但各组差异不显著（$P>0.05$），见表 5 - 6。

表 5-6　饲料中虾青素对卵形鲳鲹抗氧化能力的影响（谢家俊，2018）

项目	D1	D2	D3	D4	D5	D6
总抗氧化能力 （U/mg）	0.1 ± 0.06^a	0.14 ± 0.04^a	0.14 ± 0.05^a	0.24 ± 0.07^b	0.33 ± 0.01^c	0.36 ± 0.11^c
超氧化物歧 化酶（U/mg）	$261.21\pm$ 3.36^c	$255.38\pm$ 23.46^{bc}	$219.26\pm$ 16.88^{ab}	$243.68\pm$ 24.58^{abc}	$225.17\pm$ 23.41^{abc}	$212.01\pm$ 18.51^a
羰基蛋白	$2.28\pm$ 0.25^a	$2.00\pm$ 0.65^a	$2.1\pm$ 0.48^a	$1.88\pm$ 0.69^{ab}	$1.38\pm$ 0.37^b	$1.31\pm$ 0.58^b
丙二醛 （nmol/mg）	$0.32\pm$ 0.09	$030\pm$ 0.37	$0.28\pm$ 0.64	$0.30\pm$ 0.64	$0.30\pm$ 0.64	$0.21\pm$ 0.54

注：同列不同小写字母表示差异显著（$P<0.05$）。

第六节　对大鳞副泥鳅抗氧化作用的影响

　　姚金明（2019）在基础日粮中添加不同水平（0、50mg/kg、100mg/kg、150mg/kg、200mg/kg）虾青素配成五种配合饲料。选取体重为（3.01±0.10）g 的大鳞副泥鳅 450 尾，并随机分配到 15 个水族箱内，随机分成 5 组，每组 3 个重复，每个重复 30 尾。水族箱水温设定 23～25℃，溶解氧大于 5mg/L，pH（7.1±0.1）。每日饱食投喂两次（9：00，16：00），投喂 1h 后开始检查水族箱内剩余残饵情况，采取虹吸法吸出剩余的沉积残饵，并根据残饵量调整投喂量。饲养试验为期 8 周。

一、饲料虾青素添加水平对大鳞副泥鳅各组织 T-SOD 含量的影响

　　虾青素对大鳞副泥鳅各组织 T-SOD 活性有显著的影响。大鳞副泥鳅的各组织 T-SOD 活性随虾青素的添加水平提高呈现上升的趋势，当虾青素的添加水平为 50～200mg/kg 时，均显著高于对照组（$P<0.05$），其中当虾青素的添加水平为 100～200mg/kg 时达到最高水平（$P<0.05$），且各组之间无显著性差异（图 5-1）。

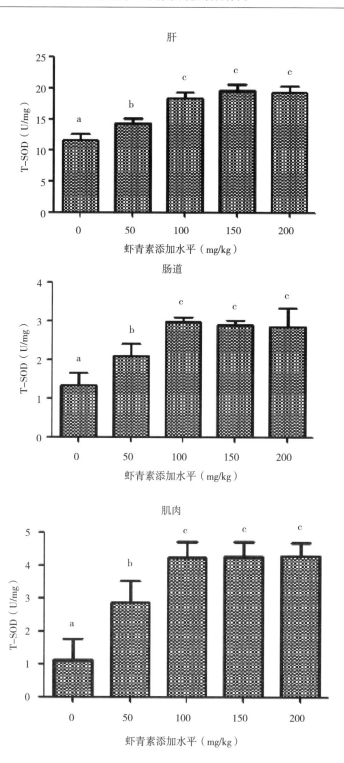

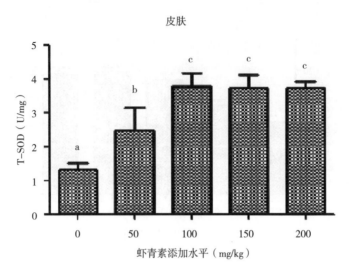

图 5-1　饲料虾青素添加水平对大鳞副泥鳅各组织 T-SOD 含量的影响（姚金明，2019）
注：不同字母表示差异显著（$P<0.05$）。图 5-2 至图 5-6，图 5-12 同。

二、饲料虾青素添加水平对大鳞副泥鳅各组织 CAT 含量的影响

由图 5-2 可见，虾青素对大鳞副泥鳅各组织 CAT 活性有显著的影响。大鳞副泥鳅的各组织 CAT 活性随虾青素的添加水平提高呈现上升的趋势：当虾青素的添加水平为 50～200mg/kg 时，肝脏 CAT 活性显著高于对照组（$P<0.05$）；当虾青素的添加水平为 50～200mg/kg 时，肠道 CAT 活性显著高于对照组（$P<0.05$）；当虾青素的添加水平为 50～200mg/kg 时，肌肉

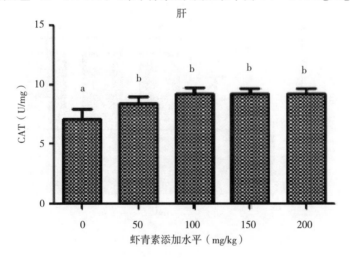

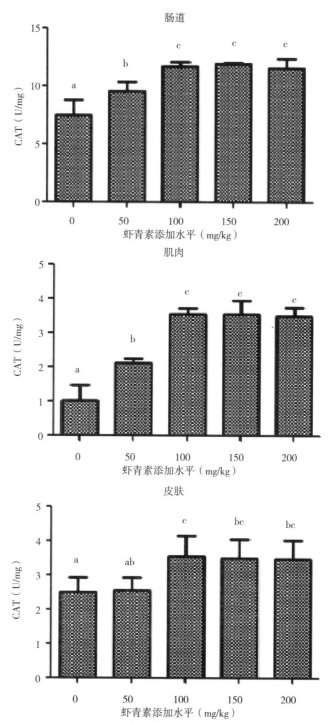

图 5 - 2　饲料虾青素添加水平对大鳞副泥鳅各组织 CAT 活性的影响（姚金明，2019）

CAT 活性显著高于对照组（$P<0.05$）；当虾青素的添加水平为 $100\sim$ 200mg/kg 时，皮肤 CAT 活性显著高于对照组（$P<0.05$）（姚金明，2019）。

三、饲料虾青素添加水平对大鳞副泥鳅各组织 MDA 含量的影响

由图 5-3 可见，虾青素对大鳞副泥鳅各组织 MDA 含量有显著的影响。大鳞副泥鳅的各组织 MDA 含量随虾青素的添加水平提高呈现下降的趋势：当虾青素的添加水平为 $50\sim200$mg/kg 时，肝脏和肌肉 MDA 含量显著低于对照组（$P<0.05$）；当虾青素的添加水平为 $100\sim200$mg/kg 时，肠道和皮肤 MDA 含量显著低于对照组（$P<0.05$）。

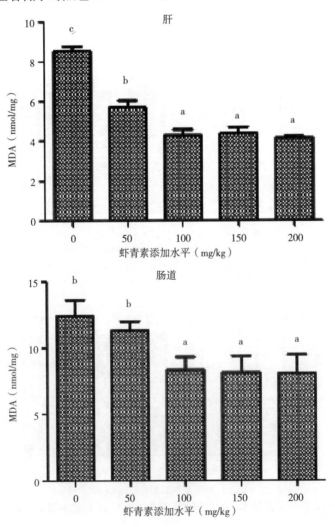

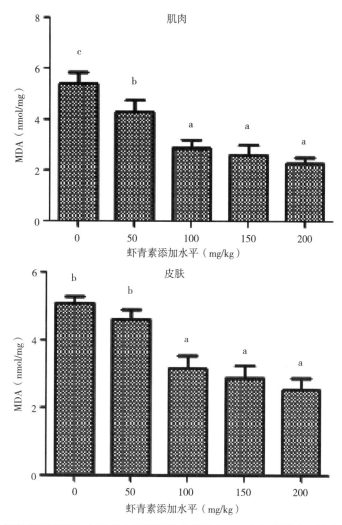

图 5-3　饲料虾青素添加水平对大鳞副泥鳅各组织 MDA 含量的影响（姚金明，2019）

四、饲料虾青素添加水平对大鳞副泥鳅各组织 GSH 含量的影响

由图 5-4 可见，虾青素对大鳞副泥鳅各组织 GSH 含量有显著的影响。大鳞副泥鳅的各组织 GSH 含量随虾青素的添加水平提高呈现上升的趋势：当虾青素的添加水平为 50～200mg/kg 时，肝脏、肠道、肌肉及皮肤 GSH 含量显著高于对照组（$P < 0.05$）；且当虾青素的添加水平为 100～200mg/kg 时，GSH 含量达到最高水平（$P < 0.05$），各组之间无显著性差异。

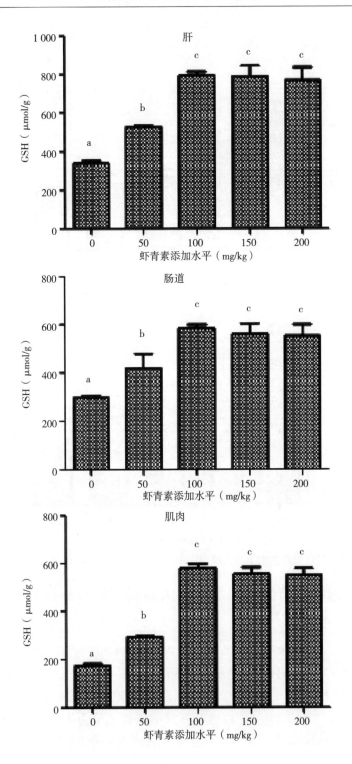

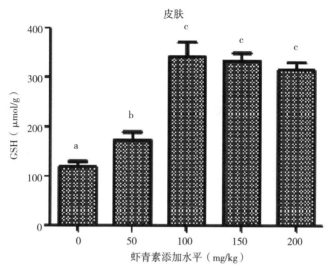

图 5-4　饲料虾青素添加水平对大鳞副泥鳅各组织 GSH 含量的影响（姚金明，2019）

五、饲料虾青素添加水平对大鳞副泥鳅各组织 GSH-Px 活性的影响

由图 5-5 可见，虾青素对大鳞副泥鳅各组织 GSH-Px 活性有显著的影响。大鳞副泥鳅的各组织 GSH-Px 活性随虾青素的添加水平提高呈现上升的趋势：当虾青素的添加水平为 50～200mg/kg 时，肝脏、肠道、肌肉及皮肤 GSH-Px 活性显著高于对照组（$P<0.05$）；且当虾青素的添加水平为 100～200mg/kg 时，GSH-Px 活性达到最高水平（$P<0.05$），各组之间无显著性差异。

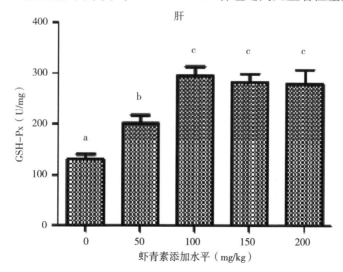

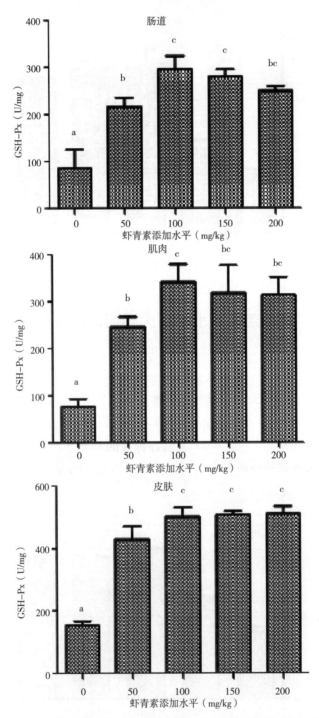

图 5-5　饲料虾青素添加水平对大鳞副泥鳅各组织 GSH-Px 活性的影响（姚金明，2019）

综上，大鳞副泥鳅饲料中添加 $100\sim200\mathrm{mg/kg}$ 虾青素，可显著提高大鳞副泥鳅肝、肠道、肌肉和皮肤 T-SOD、CAT 和 GSH-Px 活性，显著提高 GSH 含量，显著降低 MDA 水平，有效促进大鳞副泥鳅机体抗氧化能力。

第七节　对乌鳢抗氧化作用的影响

李美鑫等（2021）在基础饲料中添加 0（对照组）、$50\mathrm{mg/kg}$、$100\mathrm{mg/kg}$ 和 $200\mathrm{mg/kg}$ 虾青素，如图 5-6 所示，日粮添加 $50\mathrm{mg/kg}$、$100\mathrm{mg/kg}$ 和 $200\mathrm{mg/kg}$ 虾青素显著提高乌鳢血清和肝脏 SOD 活性（$P<0.05$）。$100\mathrm{mg/kg}$ 和 $200\mathrm{mg/kg}$ 虾青素组肝脏 SOD 活性显著高于其他日粮组（$P<0.05$）。日粮添加 $50\mathrm{mg/kg}$、$100\mathrm{mg/kg}$ 和 $200\mathrm{mg/kg}$ 虾青素显著提高乌鳢血清和肝脏 CAT 和 GSH-Px 活性（$P<0.05$）。$200\mathrm{mg/kg}$ 虾青素组血清 CAT 和 GSH-Px 活性最高，显著高于其他日粮组（$P<0.05$）。鱼类抗氧化系统相比陆生养殖动物低等，同时鱼类在水生

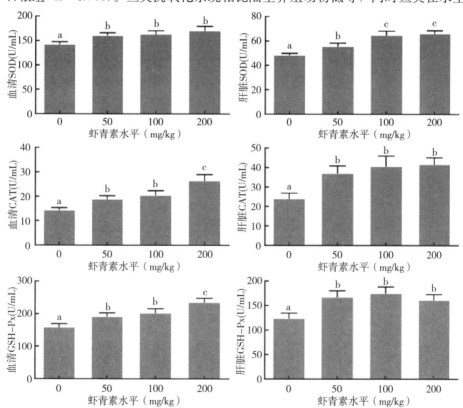

图 5-6　虾青素对乌鳢血清和肝脏抗氧化酶活性的影响（李美鑫等，2021）

环境下受到多种来源的应激。因此，水产养殖过程中常需要外源添加抗氧化功能的免疫增强剂来辅助养殖动物缓解组织的氧化损伤。虾青素是一种天然的提取物，可直接参与自由基和超氧阴离子的清除反应。虾青素可通过以下途径调节鱼类抗氧化功能：提高内源酶的活性，抑制 MDA 生成，保护脂质蛋白大分子和激活 Nrf2-ARE 途径分子。

第八节 对其他鱼类抗氧化作用的影响

一、对七彩神仙鱼肝脏抗氧化作用的影响

王磊等（2016）分别用添加 0（对照组 C0）、3.33g/kg（C1）、6.66g/kg（C2）、9.99g/kg（C3）、13.32g/kg（C4）和 16.65g/kg（C5）雨生红球藻（折算成虾青素添加量分别为 0、100mg/kg、200mg/kg、300mg/kg、400mg/kg 和 500mg/kg 饲料）的饲料饲喂七彩神仙鱼 6 周。结果显示，雨生红球藻添加组七彩神仙鱼肝脏的总抗氧化能力（T-AOC）和肝脏中谷胱甘肽（GSH）的含量均显著高于对照组（$P<0.05$），并且随着雨生红球藻添加量的增加，七彩神仙鱼肝脏的 T-AOC 随之升高，其肝脏中 GSH 的含量也逐渐升高。这表明饲料中添加一定量的雨生红球藻粉可以显著提高机体的抗氧化能力，见表 5-7。

表 5-7 饲料中添加雨生红球藻对七彩神仙鱼肝脏
抗氧化力的影响（王磊等，2016）

指标	C0	C1	C2	C3	C4	C5
T-AOC (U/mg)	3.57±1.70[a]	7.88±1.61[b]	6.93±2.92[b]	7.52±1.47[b]	9.09±1.00[c]	12.56±0.33[d]
GSH (μmol/g)	22.13±0.21[a]	33.34±0.79[b]	34.28±5.78[b]	34.67±4.15[b]	36.56±10.33[b]	42.81±4.62[c]

注：同行不同小写字母表示差异显著（$P<0.05$）。

二、对虹鳟肝脏抗氧化作用的影响

崔惟东（2009）分别在基础饲料（对照组）中分别添加 100mg/kg 的虾青素、100mg/kg 角黄素以及混合色素（50mg/kg 虾青素＋50mg/kg 角黄素）饲喂初始体重为（56.60±0.63）g 的虹鳟 60d，考察虾青素和角黄素对虹鳟肝脏总抗氧化能力的影响。虹鳟肝脏的总抗氧化能力见表 5-8，各组虹鳟肝脏的总抗氧化能力均显著高于对照组（$P<0.05$），但各色素组之间无显著差异（$P>0.05$）。在饲料中单独或混合添加虾青素、角黄素均显著提高了虹鳟肝脏

总抗氧化能力。从虾青素和角黄素的结构上看，两者除有较多的共轭双键外，在两端的紫罗酮环上还有两个不饱和酮基。这些结构均具有较活泼的电子效应，能够向自由基提供电子或吸引自由基的未配对电子，从而表现出良好的抗氧化能力。

表 5-8　虾青素和角黄素对虹鳟肝脏总抗氧化能力的影响

（U/mg）（崔惟东，2009）

对照组	虾青素组	角黄素组	混合色素组
2.03±0.13[a]	2.39±0.13[b]	2.25±0.16[b]	2.39±0.09[b]

注：同行不同小写字母表示差异显著（$P < 0.05$）。

三、对黄颡鱼血清抗氧化作用的影响

樊玉文等（2021）以平均体重为（5.00±0.85）g 的黄颡鱼为研究对象，随机分成 4 个组，每组 3 个重复，每个重复 30 尾鱼，分别投喂添加 0.00（对照组）、0.30%、0.50% 及 1.00% 雨生红球藻的饲料，每天 2 次表观饱食投喂，试验进行 10 周。结果显示，饲料中添加 0.50%～1.00% 雨生红球藻组试验鱼血清超氧化物歧化酶、谷胱甘肽过氧化物酶活性及丙二醛的含量显著低于 0.30% 雨生红球藻组，对照组显著最高（$P < 0.05$）；对照组试验鱼血清过氧化氢酶活性显著高于雨生红球藻组（$P < 0.05$），见表 5-9。

表 5-9　饲料中添加不同水平雨生红球藻对黄颡鱼血清
抗氧化活性的影响（樊玉文等，2021）

项目	0 添加组	0.30% 添加组	0.50% 添加组	1.00% 添加组
超氧化物歧化酶（U/mL）	252.35±15.33[a]	225.18±11.30[b]	201.66±9.89[c]	203.12±12.69[c]
过氧化氢酶(U/mL)	11.44±2.15[b]	8.15±2.23[a]	8.03±1.14[a]	8.46±0.98[a]
各胱甘肽过氧化物酶（U/mL）	389.53±11.01[b]	375.81±10.01[b]	299.98±19.02[a]	298.68±13.33[a]
丙二醛(nmol/mL)	2.89±0.12[b]	2.67±0.16[b]	2.11±0.07[a]	2.05±0.05[a]

注：同列不同小写字母表示差异显著（$P < 0.05$）。

第九节　对虾抗氧化作用的影响

一、对凡纳滨对虾抗氧化作用的影响

裴素蕊（2009）从雨生红球藻中提取的虾青素分别以 0、20mg/kg、

40mg/kg、60mg/kg、80mg/kg、100mg/kg 的浓度添加到基础饲料中，选取大小、体重相近的虾，分成 6 组，每组 4 个平行，置于玻璃缸中饲喂，每缸 15 只，试验时间 7 周。各试验组的 T-AOC 显著升高，到第 4 周后逐步稳定。80mg/kg、100mg/kg 组变化幅度最大（图 5-7）。虾青素作为一种抗氧化物，是非酶促体系中的重要成员。上述结果说明，当投喂一段时间后，虾青素在体内积累量较大，可以提高总抗氧化能力。

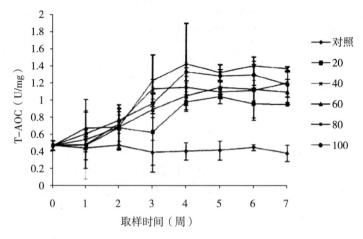

图 5-7 添加不同浓度的虾青素对凡纳滨对虾 T-AOC 的影响（裴素蕊，2009）

试验开始后 4 周左右，试验组对虾肌肉组织中 SOD 活力随时间的延长而显著降低，之后逐渐升高。其中，80mg/kg 组变化最为显著，SOD 活力在各组中最低（图 5-8）。

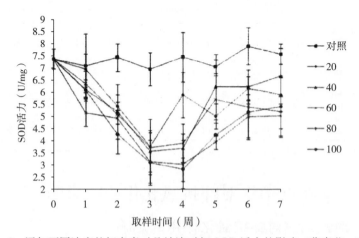

图 5-8 添加不同浓度的虾青素对凡纳滨对虾 SOD 活力的影响（裴素蕊，2009）

CAT 活力变化趋势与 SOD 活力类似，试验组对虾肌肉组织中的 CAT 活力先降低后升高，在 4 周左右降到最低。其中，80mg/kg 和 100mg/kg 两组变化最为显著（图 5-9）。

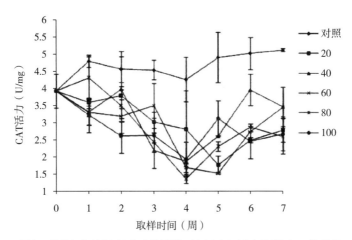

图 5-9　添加不同浓度的虾青素对凡纳滨对虾 CAT 活力的影响（裴素蕊，2009）

二、对日本沼虾抗氧化作用的影响

从雨生红球藻中提取虾青素分为 0、20mg/kg、40mg/kg、60mg/kg、80mg/kg、100mg/kg 等 6 个浓度梯度添加到日本沼虾的基础饲料中，投喂 7 周。由图 5-10 可以看出，随着喂养沼虾含有虾青素饵料时间的增加，沼虾体内超氧化物歧化酶的活力大体上是先增强后减弱的；添加量为 20mg/kg、40mg/kg、80mg/kg、100mg/kg 组的沼虾体内的 SOD 活力在第 4 周时达到最大值，随后剧烈下降，在第 6 周时 80mg/kg、100mg/kg 组达到最小值，80mg/kg 组的最小值小于对照组。添加量为 60mg/kg 组的在第 3 周时活力达到最大值，其后缓慢下降，在第 6 周时达到最小值。

由图 5-10 可以看出，与对照组相比，各试验组肌肉组织的 CAT 活力均显著降低，80mg/kg、100mg/kg 组表现为先升高后降低的趋势，在第 3 周时达到最大值，之后呈下降趋势。40mg/kg 组则在前 4 周表现为平缓的下降，之后急剧下降。20mg/kg、60mg/kg 组变化趋势相同，都呈平缓下降趋势，但 20mg/kg 组的 CAT 活力比 60mg/kg 组高。

虾青素作为一种免疫增强剂，本身就可以作为非酶促体系中的一员，当积累到一定量时，便可以强化总抗氧化能力。由图 5-11 可以看出，各添加组的总抗氧化能力逐步升高，在前 3 周增加的趋势较平缓，之后变化较剧烈。

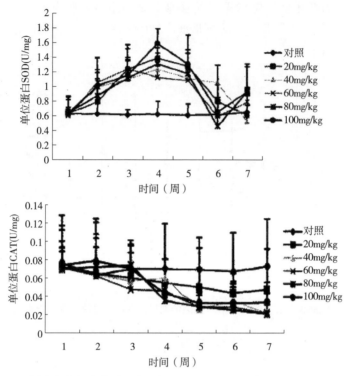

图 5-10　不同浓度的虾青素对日本沼虾 SOD 和 CAT 活力的影响（谢剑华，2008）

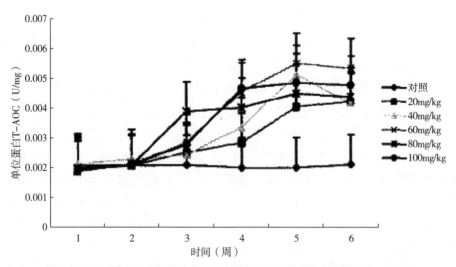

图 5-11　不同浓度的虾青素对日本沼虾 T-AOC 的影响（谢剑华，2008）

第十节　对蟹抗氧化作用的影响

一、合成虾青素对中华绒螯蟹抗氧化作用的影响

麻楠等（2017）采用在基础饲料中分别添加 0、130mg/kg 和 260mg/kg 的合成虾青素配制成 3 种粗蛋白和粗脂肪含量分别为 42％和 16％的等氮等脂的中华绒螯蟹育肥饲料（分别记为饲料 1、2 和 3），以中华绒螯蟹商业育肥饲料作为饲料 4，分别投喂 4 组雌蟹（每个饲料组 3 个重复水槽，每个水槽中 12 只蟹），进行为期 60d 的室内养殖试验。雌蟹血清中抗氧化指标见表 5-10。各组血清超氧化物歧化酶（SOD）和谷胱甘肽过氧化酶（GSH-Px）活性均无显著差异（$P>0.05$），饲料 1 组过氧化物酶（POD）活性显著高于其他组（$P<0.05$）。血清过氧化氢酶（CAT）、谷胱甘肽还原酶（GR）、乳酸脱氢酶（LDH）、总抗氧化能力（T-AOC）、丙二醛（MDA）和乳酸（LD）含量均以饲料 4 组最高（$P<0.05$）。由表 5-11 可知，肝胰腺中的 SOD、T-AOC、GSH-Px 和 GR 活性均以饲料 1 组最高，大部分以饲料 2 组最低（$P<0.05$）。饲料添加虾青素可以降低中华绒螯蟹肝胰腺和血清中的 MDA 含量，说明虾青素饲料组雌蟹机体所受氧化胁迫相对较低，因此，在饲料中添加合成虾青素可减少雌蟹机体的氧化损伤。

表 5-10　饲料中虾青素添加水平对成体中华绒螯蟹雌蟹血清中抗氧化指标的影响（麻楠等，2017）

项目	饲料 1	饲料 2	饲料 3	饲料 4
超氧化物歧化酶 SOD（U/L）	39.40±1.00	37.59±1.59	40.59±1.11	37.72±1.88
谷胱甘肽过氧化物 GSH-Px（U/mL）	23.03±0.99	21.63±0.35	22.80±0.81	23.43±0.98
过氧化物酶 POD（U/mL）	63.20±1.62[a]	53.11±2.65[b]	47.97±1.80[b]	46.59±2.13[b]
过氧化氢酶 CAT（U/mL）	1.17±0.16[a]	2.63±0.09[b]	1.99±0.05[b]	2.64±0.14[b]
谷胱甘肽还原酶 GR（U/L）	59.17±2.63[ab]	52.73±2.41[bc]	47.59±3.86[b]	64.31±2.88[a]
乳酸脱氢酶 LDH（U/L）	72.63±4.67[ab]	57.60±4.69[b]	74.16±6.87[ab]	88.10±4.41[a]

（续）

项目	饲料 1	饲料 2	饲料 3	饲料 4
总抗氧化能力 T-AOC（U/mL）	8.05±0.32[ab]	7.66±0.29[b]	7.72±0.35[b]	8.86±0.48[a]
乳酸 LD（mmol/L）	10.46±0.17[a]	11.62±0.41[ab]	12.40±0.51[a]	13.00±0.30[a]
丙二醛 MDA （nmol/L）	6.19±0.18[a]	5.34±0.22[b]	5.57±0.32[ab]	6.25±0.14[a]

注：同列不同小写字母表示差异显著（$P<0.05$）。

表 5-11　饲料中虾青素添加水平对中华绒螯蟹成体雌蟹
肝胰腺中抗氧化指标的影响（麻楠等，2017）

项目	饲料 1	饲料 2	饲料 3	饲料 4
超氧化物歧化酶 SOD（U/mg）	6.04±0.27[a]	4.22±0.38[b]	5.50±0.21[a]	4.43±0.20[b]
谷胱甘肽过氧化物 GSH-Px（U/mL）	50.88±2.58[a]	34.02±4.08[b]	39.22±2.01[b]	42.09±1.75[b]
过氧化物酶 POD（U/mg）	6.69±0.38	6.05±0.80	6.56±0.40	6.87±0.68
谷胱甘肽还原酶 GR（U/L）	7.75±0.45[a]	3.93±0.57[b]	4.33±0.65[b]	3.59±0.61[b]
总抗氧化能力 T-AOC（U/mL）	2.44±0.12[a]	1.67±0.13[b]	2.31±0.08[a]	1.81±0.10[b]
乳酸 LD（mmol/L）	0.27±0.02	0.22±0.03	0.23±0.00	0.24±0.01
丙二醛 MDA （nmol/L）	1.99±0.13	1.18±0.11	1.43±0.11	1.66±0.07

注：同行不同小写字母表示差异显著（$P<0.05$）。

二、对三疣梭子蟹雌体卵巢抗氧化作用的影响

三疣梭子蟹是一种重要的海洋经济蟹类，因其肉味鲜美和营养价值高而深受消费者的喜爱。吴仁福等（2018）研究采用雨生红球藻藻粉作为天然虾青素源，配制 4 种不同虾青素含量（含量分别为 0、26.60mg/kg、41.62mg/kg 和 81.37mg/kg）的饲料（记为饲料 1～4），对三疣梭子蟹雌体进行为期 45d 的育肥试验，如表 5-12 所示，饲料 1 组血淋巴中的超氧化物歧化酶（SOD）和过氧化物酶（POD）活力均显著高于其他组（$P<0.05$），而其余各组间差异不显著。雌蟹血淋巴中的谷胱甘肽过氧化物酶（GSH-Px）、谷胱甘肽还原酶

（GR）和总抗氧化能力（T-AOC）均随饲料中虾青素水平的升高而显著上升（$P<0.05$）。过氧化氢酶（CAT）活力呈波动性变化，其在饲料 1 组最高，饲料 4 组最低（$P<0.05$）。雌蟹血淋巴中的丙二醛（MDA）含量均随饲料中虾青素含量上升而显著降低（$P<0.05$）。

由表 5-13 可知，三疣梭子蟹成体雌蟹肝胰腺中的 SOD 和 T-AOC 活力均随饲料中虾青素水平的升高而显著上升（$P<0.05$）；GSH-Px 活力则呈显著下降趋势（$P<0.05$）；肝胰腺中的 POD 活力呈波动性变化趋势，并在饲料 3 组最高（$P<0.05$）；各组肝胰腺中的 GR 活力和 MDA 含量均无显著性差异（$P>0.05$）。说明饲料中添加虾青素可降低雌蟹机体内的氧化应激水平和提高其抗氧化能力。

表 5-12　饲料中添加雨生红球藻粉对三疣梭子蟹成体雌蟹血淋巴抗氧化指标的影响（吴仁福等，2018）

指标	饲料 1	饲料 2	饲料 3	饲料 4
超氧化物歧化酶 SOD（U/mg）	35.50±1.78[b]	24.63±1.55[a]	26.05±1.42[a]	27.17±1.40[a]
谷胱甘肽过氧化物酶 GSH-Px（U/mL）	20.91±0.88[a]	28.16±1.58[ab]	29.66±1.95[b]	37.28±1.97[b]
过氧化物酶 POD（U/mL）	30.87±3.62[b]	23.38±2.90[a]	24.16±3.93[a]	24.8±2.06[b]
过氧化氢酶 CAT（U/mL）	2.84±0.33[b]	1.68±0.13[b]	2.62±0.05[b]	1.56±0.16[b]
谷胱甘肽还原酶 GR（U/L）	51.05±1.94[a]	54.66±3.45[ab]	58.28±2.75[b]	60.29±1.74[b]
总抗氧化能力 T-AOC（U/mL）	7.43±0.27[b]	7.48±0.75[b]	7.89±0.92[b]	13.42±0.43[b]
丙二醛 MDA（nmol/L）	20.00±0.38[b]	18.54±0.68[bc]	16.92±0.90[b]	9.50±0.70[b]

注：同列不同小写字母表示差异显著（$P<0.05$）。

表 5-13　饲料中添加雨生红球藻粉对三疣梭子蟹成体雌蟹肝胰腺抗氧化指标的影响（吴仁福等，2018）

指标	饲料 1	饲料 2	饲料 3	饲料 4
超氧化物歧化酶 SOD（U/mg）	23.1±2.15[a]	24.75±1.31[a]	35.88±3.25[b]	35.50±1.63[b]

（续）

指标	饲料 1	饲料 2	饲料 3	饲料 4
谷胱甘肽过氧化酶 GSH-Px（U/mg）	178.79±5.43[d]	153.37±6.16[c]	123.56±5.11[b]	106.99±3.17[a]
过氧化物酶 POD（U/mg）	1.13±0.15[ab]	1.02±0.12[a]	1.72±0.11[c]	1.46±0.16[bc]
谷胱甘肽还原 GR 酶（U/mg）	5.16±0.51	5.52±0.55	5.12±0.21	5.16±0.44
总抗氧化能力 T-AOC（U/mg）	3.52±0.28[a]	3.34±0.17[a]	5.18±0.27[b]	5.38±0.34[b]
丙二醛 MDA（nmol/mg）	1.44±0.12	1.40±0.19	1.33±0.12	1.17±0.19

注：同行不同小写字母表示差异显著（$P<0.05$）。

第十一节　β-胡萝卜素和虾青素对仿刺参幼参抗氧化作用的影响

王吉桥等（2013）在水温 11.0～20.0℃、盐度 35、pH7.5 的实验室条件下，将初始平均体重为 3.89g 的仿刺参幼参放养在 60L 的塑料水槽中，投喂添加 30mg/kg、60mg/kg、90mg/kg β-胡萝卜素和虾青素的饲料分别记为 A、B、C、D、E、F 组，以不添加此物质的基础饲料作为对照（G 组）。养殖 8 周，结果显示，仿刺参体腔液中的 SOD 和 CAT 活力因饲料中添加的类胡萝卜素种类及其剂量不同而异。从图 5-12 可见：C、E、F 组仿刺参体腔液中的 SOD、CAT 活力均显著低于对照组（$P<0.05$），而 A、B、D 组与对照组差异均不显著（$P>0.05$）；饲料中添加 β-胡萝卜素的各组中，C 组的 SOD 和 CAT 活力最低，且显著低于 A、B 组（$P<0.05$）；饲料中添加虾青素的各组中，E、F 组的 SOD 和 CAT 活力较低，均显著低于 D 组（$P<0.05$）。在相同添加量下，摄食含虾青素饲料的各组仿刺参体腔液中的 SOD 和 CAT 活力均低于摄食添加 β-胡萝卜素的各组，但只有添加量为 60mg/kg 的 B 与 E 组间的 SOD 和 CAT 活力差异显著（$P<0.05$），其余添加量相同的组间差异均不显著（$P>0.05$）。虾青素在抗氧化方面的效果却显著高于 β-胡萝卜素，最低添加量（30mg/kg）时，虾青素饲料组仿刺参体腔液的总抗氧化能力显著高于所有 β-胡萝卜素组。但当虾青素的添加量提高为 60mg/kg、90mg/kg时，两个虾青素饲料组仿刺参体腔液的总抗氧化能力差异并不显著。这可能是因为虾青素的抗氧化性较强，仅需很少量便能显著提高养殖动物的总抗氧化能力，当添加量进一步提高后，虾青素的总抗氧化能力逐渐趋于稳定，而β-胡萝卜素的含量较高时才能满足水产动物抗氧化所需。

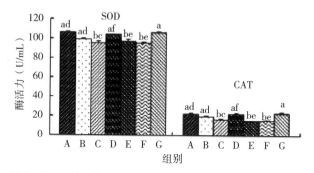

图 5-12　摄食不同饲料的仿刺参体腔液中的抗氧化酶活力（王吉桥等，2013）

第六章 虾青素对水生动物 的免疫调节作用

虾青素能显著影响动物的免疫功能，在有抗原存在时，能明显促进脾细胞产生抗体的能力，增强 T 细胞的作用，刺激体内免疫球蛋白的产生。研究表明，虾青素可能是免疫应答的增强剂。在水产养殖中使用虾青素可以作为饲料添加剂提高水产动物免疫力、降低死亡率。本章综述了虾青素对水产动物免疫作用的影响。

第一节 对锦鲤免疫的调节作用

试验方法和试验动物见第三章第一节。在锦鲤饲料中添加不同量 0（对照）、200mg/kg、400mg/kg、600mg/kg、800mg/kg 和 1 000mg/kg 的虾青素，进行 56d 饲养试验来研究饲料中添加虾青素对锦鲤免疫力的影响。结果表明，在虾青素添加量为 400mg/kg 时血清溶菌酶（LZM）、酸性磷酸酶（ACP）、碱性磷酸酶（ALP）活性以及补体 C3、补体 C4 含量有最大值，并且血清 LZM、ACP、AKP 活性以及 C3、C4 含量均随着虾青素含量的增加先增高后降低，见表 6-1。

表 6-1 不同添加量的虾青素对锦鲤血清免疫指标的影响

虾青素添加量（mg/kg）	溶菌酶（U/mL）	补体 3（μg/mL）	补体 4（μg/mL）	酸性磷酸酶（U/L）	碱性磷酸酶（U/L）
0	78.78±5.41[b]	25.20±1.19[b]	12.42±0.49[b]	20.42±1.84[b]	16.06±1.26[b]
200	83.26±3.21[b]	27.60±1.10[b]	14.61±1.2[ab]	25.03±1.38[ab]	19.77±0.98[ab]
400	99.93±3.96[a]	32.12±2.23[a]	18.19±0.33[a]	27.85±0.69[a]	22.32±0.93[a]
600	86.32±3.19[ab]	28.88±0.79[ab]	13.84±2.18[ab]	23.98±2.53[ab]	19.14±1.67[ab]
800	80.26±5.31[ab]	27.99±1.45[ab]	14.29±1.79[ab]	22.78±3.22[ab]	18.34±2.05[ab]
1 000	78.84±5.32[b]	26.22±0.91[b]	10.89±1.33[b]	21.10±1.92[ab]	16.46±0.86[b]

注：同列不同小写字母表示差异显著（$P<0.05$）。

大量研究表明，虾青素有增强机体免疫力的功效。血清 LZM 活性是反映机体体液免疫的重要指标，其存在于鱼类的皮肤、血清和各个组织器官中，对于对抗各种病原体的入侵具有重要意义（Grinde et al.，1988）。ACP 和 ALP 是机体内重要的磷酸酶，在参与机体的代谢和免疫方面发挥着重要作用（崔培等，2013）。C3、C4 对机体的免疫调节也起到重要作用。本试验结果表明，饲料中添加适量的虾青素能够提高锦鲤血清 LZM、ACP、ALP 活性以及 C3、C4 含量，进而增强机体的免疫力。虾青素能够增强机体免疫的原因可能有：类胡萝卜素能增强免疫细胞比如 B 细胞的活力，从而增强机体消灭外源病原体侵袭的能力；类胡萝卜素能增加自然杀伤细胞的数目，增强机体消除被感染的细胞的能力；类胡萝卜素能提高免疫系统中某些组分的活性，并协助细胞产生抗体。崔培等（2005）在研究饲料中添加不同含量的虾青素（0、100mg/kg、400mg/kg、700mg/kg、1 000mg/kg、1 300mg/kg、1 600mg/kg）对锦鲤免疫指标的影响时，发现添加不同含量的虾青素的饲料对 ALP 活力有一定的影响，当虾青素含量添加到 1 000mg/kg 时，ALP 活力最高。饲料中添加不同含量的虾青素对锦鲤的 SOD 活力也有一定影响，当虾青素添加量达到最高 1 600mg/kg SOD 活力最高。上述的研究表明，在适宜范围内向锦鲤饲料中添加虾青素可以提高锦鲤的免疫因子的活性和含量进而提高锦鲤的免疫功能。

第二节　对乌鳢免疫的调节作用

李美鑫等（2013）在基础饲料中添加不同量（0、50mg/kg、100mg/kg 和 200mg/kg）虾青素，饲喂乌鳢 56d 后取样，对乌鳢进行取样并检测免疫指标发现日粮添加 50mg/kg、100mg/kg 和 200mg/kg 虾青素显著提高乌鳢血清和肝脏补体 C3 含量，各虾青素处理组血清和肝脏补体 C4 差异不显著。100mg/kg 和 200mg/kg 虾青素组血清 IgM 水平显著提高，各虾青素处理组肝脏 IgM 水平没有显著的提高。100mg/kg 和 200mg/kg 虾青素组乌鳢血清 LZM 活性显著提高，日粮添加 50mg/kg、100mg/kg 和 200mg/kg 虾青素显著提高乌鳢肝脏 LZM 活性。该研究表明，日粮添加虾青素提高乌鳢血清和肝脏中 IgM、C3 水平和 LZM 的水平，进而促进机体免疫应答能力。

第三节　对金鱼免疫的调节作用

曲木等（2018）在研究虾青素、万寿菊粉对狮子头金鱼免疫力的影响时，发现饲料中添加不同水平的万寿菊粉、虾青素可以提高狮子头金鱼免疫指标谷草转氨酶（GOT）、谷丙转氨酶（GPT）的活性。万寿菊粉、虾青素及其交互作用对狮子头金鱼血清及肝胰脏中其他指标无显著影响。在饲料中添加万寿菊粉和虾青素后，各试验组狮子头金鱼的免疫指标均有所提升。因此，添加万寿菊粉和虾青素可以提高狮子头金鱼的免疫能力，见表6-2。

表6-2　饲料中添加虾青素、万寿菊粉对狮子头金鱼免疫力的影响（曲木等，2018）

着色剂类别	GOT		GPT	
	血清（U/L）	肝胰脏（U/g）	血清（U/L）	肝胰脏（U/g）
万寿菊粉	0.628	0.030	0.971	0.994
虾青素	0.998	0.526	0.681	0.776
交互	0.965	0.632	0.815	0.800

第四节　对血鹦鹉免疫的调节作用

孙刘娟等（2016）在研究虾青素对血鹦鹉非特异性免疫指标的影响时，在基础饲料添加不同量（0、1%、2%、3%、4%）的虾青素，投喂49d后测定体内非特异性免疫指标。对各组试验鱼SOD分析中发现，不同水平虾青素组与对照组相比，虾青素添加量的提高可以提高SOD的活性。对各组试验鱼CAT和T-AOC分析发现，添加虾青素可以提高试验鱼肝脏和血浆中的CAT的活性和T-AOC的含量，并且肝脏中CAT的活性和T-AOC的含量高于血浆（表6-3）。通过对各试验组鱼鳃丝中的溶菌酶（LZM）进行分析，虾青素的添加量对溶菌酶的活性无明显影响。该试验中各试验组鱼组织内LSZ活性含量无显著变化，这表明虾青素对鹦鹉鳃丝的免疫能力无明显作用，见表6-4。

表 6 - 3　不同水平虾青素对血鹦鹉 T-AOC 活性的影响

（U/mg）（孙刘娟等，2016）

项目	对照组	1%虾青素组	2%虾青素组	3%虾青素组	4%虾青素组
血浆	57.28±3.74[a]	55.96±4.18[a]	66.02±3.90[ab]	72.27±2.42[b]	75.43±5.04[b]
肝脏	74.18±2.31[a]	76.64±1.43[a]	81.61±2.31[b]	87.36±0.81[bc]**	92.65±2.43[bc]**

注：字母不同表示差异显著（$P<0.05$），**代表该组与对照组相比差异极显著（$P<0.01$）。

表 6 - 4　不同水平虾青素对血鹦鹉溶菌酶活性的影响

（U/g）（孙刘娟等，2016）

项目	对照组	1%虾青素组	2%虾青素组	3%虾青素组	4%虾青素组
鳃丝	17.05±0.82	17.12±2.55	16.70±1.27	15.34±1.45	14.76±26

注：无字母表示差异不显著（$P>0.05$）。

第六节　对对虾免疫的调节作用

温为庚等（2011）在研究饲料中添加不同含量（0、10mg/kg、20mg/kg、40mg/kg、80mg/kg、160mg/kg）的虾青素对斑节对虾免疫指标的影响，投喂 30d。研究结果发现，饲料中添加虾青素 40mg/kg 以上时可以提高斑节对虾酚氧化酶（PO）活力，但 160mg/kg 时，PO 活力略有下降。添加虾青素对 ALP、POD、SOD 活力没有显著影响。因此，虾青素可以提高斑节对虾某些免疫因子。虾青素是一种抗氧化剂，本试验中，POD 和 SOD 活力没有变化，可能是因为虾青素发挥了抗氧化作用，见表 6 - 5。

表 6 - 5　虾青素对斑节对虾免疫指标的影响（温为庚等，2011）

添加虾青素 （mg/kg）	酚氧化酶 PO （U/g）	碱性磷酸酶 ALP （U/kg）	过氧化物酶 POD （U/g）	超氧化物歧化酶 SOD （U/mg）
0	3.95±1.34[a]	8.79±2.46	58.37±9.01	369.25±73.82
10	5.00±0.37[ab]	7.34±1.71	55.61±7.77	328.45±34.14
20	6.27±0.70[ab]	6.66±1.16	58.45±0.34	356.35±30.62
40	7.13±0.99[b]	7.40±1.58	59.02±4.79	350.92±42.02
80	8.80±1.75[b]	5.61±2.32	53.74±0.71	346.71±69.25
160	7.84±0.93[b]	8.16±2.04	56.27±5.45	323.94±4.50

注：同列数据中上标不同字母者之间差异显著（$P<0.05$）。

第六节　对日本沼虾免疫的调节作用

　　谢剑华等（2008）在研究虾青素对日本沼虾血细胞密度及吞噬活力的影响时，发现添加虾青素组的血细胞密度显著高于未添加虾青素的对照组，并且添加虾青素组的吞噬活力显著高于未添加虾青素的对照组，说明添加虾青素可以提高日本沼虾的机体免疫力，如图6-1、图6-2、图6-3。

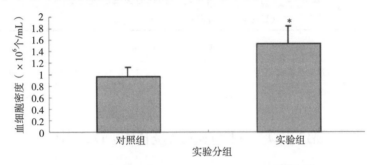

图6-1　虾青素对日本沼虾血细胞密度的影响（谢剑华等，2008）

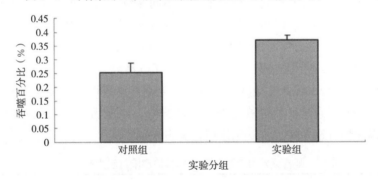

图6-2　虾青素对日本沼虾血细胞吞噬百分比的影响（谢剑华等，2008）
　　注：＊表示差异显著（$P<0.05$）。

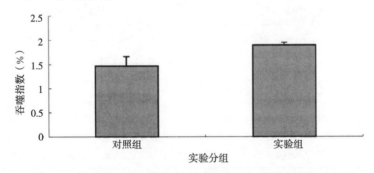

图6-3　虾青素对日本沼虾吞噬指数的影响（谢剑华等，2008）

第七节 对克氏原螯虾免疫的调节作用

安振华等（2017）设计四个虾青素添加梯度，饲料中虾青素添加梯度分别为 0、5mg/g、10mg/g、20mg/g，每个处理设 3 个重复，试验共用虾 96 只，平均体重（20.6±7.5）g。每个重复设置为 8 只规格一致的克氏原螯虾成虾。在温室的玻璃水族箱中饲养（800mm×600mm×400mm），微囊藻毒素（MC-LR）的胁迫浓度 25μg/L。同时，设置一组水体中无 MC-LR 添加的空白组，空白组所投喂的饲料中无虾青素添加。

由图 6-4 可见，添加虾青素可显著提高胁迫组克氏原螯虾肝脏中 SOD 的活力，其中 5g/kg 虾青素的添加量对 SOD 的提升最为显著。10g/kg 以下的虾青素添加量使得胁迫组的 SOD 活力远大于未胁迫组，并且 SOD 的活力随着虾青素的增加而增强。20g/kg 虾青素的添加量时 SOD 活力明显下降。由图 6-5

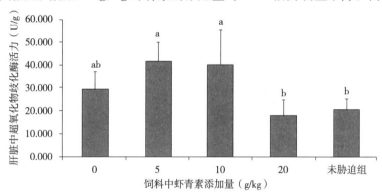

图 6-4 虾青素对微囊藻毒素 MC-LR 胁迫下克氏原螯虾体内 SOD 的影响（安振华等，2017）
注：不同字母表示差异显著（$P<0.05$）。图 6-5 同。

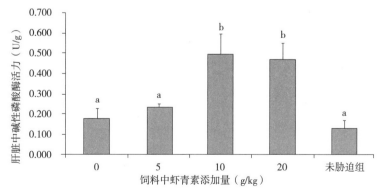

图 6-5 虾青素对微囊藻毒素 MC-LR 胁迫下克氏原螯虾体内 ALP 的影响（安振华等，2017）

可见，10g/kg 以上虾青素的添加量对胁迫组 ALP 活力提升最为明显，且远超未胁迫组 ALP 的活力，总体而言，添加虾青素的胁迫组 ALP 活力均大于未胁迫组。这说明饲料中虾青素的添加激活并提高了克氏原螯虾体细胞内的整体抗氧化能力，提高了克氏原螯虾机体免疫力。

第八节　对黄颡鱼免疫的调节作用

樊玉文等（2022）在饲料中分别添加 0.00（对照组）、0.30％、0.50％和 1.00％的雨生红球藻，4 种饲料中虾青素含量的实测值依次是 0.00、0.03％、0.06％和 0.11％，挑选大小均匀、平均体重（5.00±0.85）g、健康活泼的试验鱼随机分配到 12 个 500L 塑料养殖桶中，每桶 30 尾。每种试验饲料投喂 3 桶试验鱼，采用人工饱食投喂，每天 2 次（06：00—07：00 和 17：00—18：00），养殖试验持续 10 周。饲料中添加雨生红球藻能够显著提高试验鱼的血清溶菌酶活性，0.50％～1.00％雨生红球藻添加量显著较高（$P<0.05$）；对照组试验鱼血清总补体含量显著低于雨生红球藻组（$P<0.05$）。饲料中添加不同水平的雨生红球藻会显著影响黄颡鱼的先天免疫应答，见表 6-6。

表 6-6　饲料中添加不同水平雨生红球藻对黄颡鱼免疫应答的影响（樊玉文等，2022）

项目	饲料中雨生红球藻添加量（％）			
	0	0.30	0.50	1.00
溶菌酶（U/mL）	211.45±11.38[a]	225.11±11.54[b]	245.74±10.33[c]	250.12±9.87[c]
总补体（U/mL）	59.12±8.33[a]	67.12±11.06[b]	68.54±9.87[b]	67.98±9.95[b]
总免疫球蛋白（mg/mL）	2.78±0.11	2.83±0.25	2.66±0.12	2.86±0.45

注：同行数据中上标不同字母者之间差异显著（$P<0.05$）。表 6-7 同。

96h 急性氨氮暴露试验结束后，0.50％～1.00％雨生红球藻组试验鱼累积死亡率显著低于 0.30％雨生红球藻组和对照组（$P<0.05$）；血氨含量随着饲料中雨生红球藻含量的提高显著降低（$P<0.05$）；饲料中雨生红球藻的添加量超过 0.50％能够显著提高黄颡鱼在氨氮暴露下的存活率（表 6-7）。

表6-7 氨氮暴露下黄颡鱼的累计死亡率及血氨含量（樊玉文等，2022）

项目	饲料中雨生红球藻添加量（%）			
	0	0.30	0.50	1.00
累计死亡率（%）	62.22±3.85[b]	60.00±6.67[b]	24.44±3.85[a]	22.22±7.70[a]
血氨（μmol/g）	152.85±11.78[c]	145.53±11.78[b]	129.74±10.66[a]	130.12±9.85[a]

第九节 对中华绒螯蟹免疫的调节作用

马文元（2016）将试验饲料共分为五组，以鱼粉、豆粕、棉籽粕和谷朊粉等为主要蛋白源，鱼油、豆油和菜籽油为脂肪源配制基础饲料，A、B、C、D组在基础饲料中分别添加不同含量的雨生红球藻粉，E组在基础饲料中添加藻渣，其中各组虾青素含量分别为0、26.60mg/kg、41.62mg/kg、81.37mg/kg和75.35mg/kg，每个试验池塘中放入25只雄蟹，每个饲料组分为3个重复池塘，每天18：00左右投喂1次。试验历时70d。试验组按照每千克蟹体重注射1.72×10[8]cfu/mL的嗜水气单胞菌悬液0.08μL，对照组注射等剂量的无菌生理盐水，观察蟹死亡情况并记录。

攻毒试验共持续192h，此试验中最早出现死亡的是C组，即虾青素含量为41.62mg/kg饲料组，注射后15h该组出现第一只死亡蟹，之后各试验组陆续出现死亡情况，在注射后45～105h，出现死亡高峰，大部分试验蟹在此时间段内死亡。注射105～165h期间，各试验组死亡速度趋于平缓，除C组和E组外，即虾青素含量41.62mg/kg和75.35mg/kg饲料组出现死亡，其他各组未继续死亡。至试验结束时，C组和E组，即虾青素含量41.62mg/kg和75.35mg/kg饲料组试验蟹存活率最高，为42%；B组和D组次之，即虾青素含量26.60mg/kg和81.35mg/kg饲料组次之，为33%；A组，即虾青素含量为0组的存活率最低，为25%。由此可以看出（图6-6），饲料中虾青素的含量使育肥期中华绒螯蟹雄蟹对嗜水气单胞菌的抗病力产生影响，且虾青素含量41.62mg/kg和75.35mg/kg的饲料投喂的中华绒螯蟹雄蟹对嗜水气单胞菌的抗性强于其他各试验组。

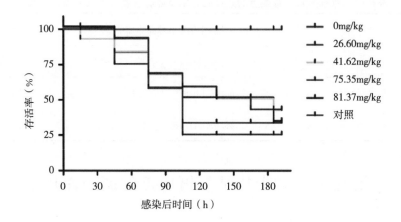

图 6-6　中华绒螯蟹雄蟹在不同水平虾青素下嗜水气单胞菌
感染后存活率（马文元等，2016）

第十节　对三疣梭子蟹成体雌蟹免疫的调节作用

吴仁福等（2018）研究采用雨生红球藻藻粉作为天然虾青素源，配制 4 种
不同虾青素含量（分别为 0、26.60mg/kg、41.62mg/kg 和 81.37mg/kg）的
饲料（记为饲料 1♯～4♯），对三疣梭子蟹雌体进行为期 45d 的育肥试验。由
表 6-8 可知，三疣梭子蟹成体雌蟹血淋巴中的酸性磷酸酶（ACP）随饲料中
虾青素添加水平的升高呈先升高再下降后升高的趋势，在饲料 3♯组最低，饲
料 4♯组最高（$P < 0.05$）。对肝胰腺中的免疫指标而言，ACP 活力随饲料中
虾青素水平的升高呈先降低后升高的趋势，在饲料 2♯组最低，饲料 4♯组
最高。各组碱性磷酸酶（ALP）活力和一氧化氮（NO）含量均无显著性
差异。

表 6-8　饲料中添加雨生红球藻粉对三疣梭子蟹成体
雌蟹免疫指标的影响（吴仁福等，2018）

指标	饲料 1♯	饲料 2♯	饲料 3♯	饲料 4♯
血淋巴				
酸性磷酸酶（每 100mL 中，U）	2.44±0.15[ab]	2.56±0.26[ab]	2.23±0.30[a]	3.32±0.37[b]
碱性磷酸酶（每 100mL 中，U）	126.00±8.08	116.33±2.99	122.67±5.72	118.67±5.31

（续）

指标	饲料 1#	饲料 2#	饲料 3#	饲料 4#
血蓝蛋白 （mg/mL）	90.42 ± 1.15^{b}	81.18 ± 2.08^{a}	77.09 ± 1.57^{a}	79.85 ± 2.54^{a}
肝胰腺				
酸性磷酸酶 （100g 蛋白质中，U）	5.61 ± 0.43^{ab}	5.16 ± 0.26^{a}	6.61 ± 0.41^{bc}	7.63 ± 0.40^{c}
碱性磷酸酶 （U/g）	11.10 ± 0.86	10.14 ± 0.78	10.08 ± 0.25	10.04 ± 0.99
一氧化氮 （μmol/g）	1.07 ± 0.06	1.11 ± 0.04	1.16 ± 0.08	1.22 ± 0.08

注：同列数据中上标不同字母者之间差异显著（$P<0.05$），无字母者之间差异不显著（$P>0.05$）。

附　　录

关于批准雨生红球藻等新资源食品的公告

（卫生部公告 2010 年第 17 号）

根据《中华人民共和国食品安全法》和《新资源食品管理办法》的规定，现批准雨生红球藻、表没食子儿茶素没食子酸酯为新资源食品，允许水苏糖作为普通食品生产经营，将费氏丙酸杆菌谢氏亚种列入我部于 2010 年 4 月印发的《可用于食品的菌种名单》（卫办监督发〔2010〕65 号）。以上食品的生产经营应当符合有关法律、法规、标准规定。

特此公告。

卫生部

二〇一〇年十月二十九日

水产品及其制品中虾青素含量的测定
高效液相色谱法

（SC/T 3053—2019）

本标准按照 GB/T 11—2009 给出的规则起草。

请注意本文件的某些内容可能涉及专利。本文件的发布机构不承担识别这些专利的责任。

本标准由农业农村部渔业渔政管理局提出。

本标准由全国水产标准化技术委员会加工分技术委员会（SAC/TC156/SC3）归口。

本标准起草单位：中国水产科学研究院黄海水产研究所、辽渔南极磷虾科技发展有限公司、山东鲁华海洋生物科技有限公司。

本标准主要起草人：孙伟红、邢丽红、王联珠、冷凯良、丛心缘、刘冬梅、范宁宁、付树林、李兆新、李风玲、郭莹莹、朱文嘉、彭吉星。

1 范围

本标准规定了水产品及其制品中虾青素含量的高效液相色谱测定方法的原理、使用的试剂及仪器、测定步骤、结果计算方法、方法灵敏度、准确度和精密度。

本标准适用于鱼类、甲壳类及虾粉、磷虾油等制品中虾青素含量的测定。

2 规范性引用文件

下列文件对于本文件的应用是必不可少的。凡是注日期的引用文件，仅注日期的版本适用于本文件。凡是不注日期的引用文件，其最新版本（包括所有的修改单）适用于本文件。

GB/T6682　分析实验室用水规格和试验方法

GB/T30891　水产品抽样规范

3 原理

样品中待测物采用丙酮或二氯甲烷-甲醇混合溶液提取，经碱皂化，使其中的虾青素酯转化成游离态的虾青素，液相色谱分离，紫外检测器测定，外标法定量。

4 试剂

4.1　除另有说明外，所用试剂均为分析纯，水为 GB/T 6682 规定的一级水。

4.2　丙酮（CH_3COCH_3）：色谱纯。

4.3　二氯甲烷（CH_2Cl_2）：色谱纯。

4.4　甲醇（CH_3OH）：色谱纯。

4.5　叔丁基甲醚［$CH_3OC(CH_3)_3$］：色谱纯。

4.6　磷酸（H_3PO_4）：优级纯。

4.7　氢氧化钠（$NaOH$）：优级纯。

4.8　2，6-二叔丁基对甲酚（$CH_{15}O_{24}$）：化学纯。

4.9　碘（I_2）。

4.10　硫代硫酸钠（$Na_2S_2O_3 \cdot 5H_2O$）。

4.11　无水碳酸钠（Na_2CO_3）。

4.12　无水硫酸镁（$MgSO_4$）：650℃灼烧 4h，在干燥器内冷却至室温，储于密封瓶中备用。

4.13 1‰磷酸溶液（V/V）：量取 10mL 磷酸和 990mL 水，混匀后备用。

4.14 二氯甲烷-甲醇溶液：量取 250mL 二氯甲烷和 750mL 甲醇、加入 0.5g 2,6-二叔丁基对甲酚，混匀后备用。

4.15 0.02mol/L 氢氧化钠甲醇溶液：称取 0.4g 氢氧化钠，用甲醇溶解并稀释至 500mL，混匀后备用。

4.16 0.6mol/L 磷酸甲醇溶液（V/V）：量取磷酸 600μL，用甲醇稀释至 10mL。

4.17 0.01g/mL 碘-二氯甲烷溶液：称取 0.1g 碘，用二氯甲烷溶解并稀释至 10mL，混匀后备用。

4.18 0.1mol/L 硫代硫酸钠溶液：称取 13g 硫代硫酸钠，加入 0.01g 无水碳酸钠，溶于 50mL 水中缓缓煮沸 10 min 冷却后备用。

4.19 全反式虾青素标准品：纯度≥95％。

4.20 全反式虾青素标准储备溶液：准确称取全反式虾青素标准品约 10mg 用丙酮溶解并定容于 500mL 容量瓶中，此溶液浓度为 20μg/mL，充氮密封，置于−18℃冰箱中避光保存，有效期 1 个月。

4.21 虾青素几何异构体的制备：准确吸取全反式虾青素标准储备液（4.20）适量，用丙酮稀释配成 10μg/mL 的标准溶液，移取 2mL 标准溶液于 10mL 具塞试管中，加入 3mL 二氯甲烷，混匀，加入 50μL 0.01g/mL 碘-二氯甲烷溶液（4.17），充分涡旋，密封置于自然光下反应 15min，然后加入 1mL 0.1mol/L 硫代硫酸钠溶液充分振荡以脱除多余的碘后，静置分层取下相，氮气吹干后加入丙酮溶解，现用现配。

4.22 N-丙基乙二胺（PSA）填料：粒径 40～60μm。

5 仪器

5.1 高效液相色谱仪：配紫外检测器。

5.2 分析天平：感量 0.01g。

5.3 分析天平：感量 0.000 1g。

5.4 分析天平：感量 0.000 01g。

5.5 超声波清洗仪。

5.6 离心机：转速 8 000r/min。

5.7 涡旋混合器。

5.8 氮吹仪。

6 测定步骤

6.1 试样制备

取代表性试样，按 GB/T 30891 的规定执行。

6.2 提取

6.2.1 鱼类、甲壳类

称取试样 2g（准确到 0.01g）于 50mL 离心管中，加入 4g 无水 $MgSO_4$，再加入 10mL 丙酮，充分涡旋，15℃以下超声波提取 15min，8 000r/min 离心 5min，收集上清液于 50mL 离心管中，残渣中加入 10mL 丙酮重复以上过程，合并提取液，混匀。

6.2.2 虾粉

称取试样 1～2g（准确到 0.01g）于 50mL 离心管中，加入 20mL 丙酮，15℃以下超声波提取 15min，8 000r/min 离心 5min，收集上清液于 50mL 离心管中，残渣中加入 10mL 丙酮重复以上过程，合并提取液，混匀。

6.2.3 磷虾油

称取磷虾油 0.2～0.5g（准确到 0.001g）于 50mL 离心管中，加入 20mL 二氯甲烷-甲醇溶液（4.14），涡旋混匀，15℃以下超声波提取 20min，8 000r/min 离心 5min。

注：虾青素含量高于 100mg/kg 的南极磷虾油的称样量不大于 0.2g。

6.3 皂化和净化

准确移取 2mL 样品提取液于 10mL 具塞试管中，加入 2.9mL 0.02mol/L NaOH 甲醇溶液（4.15），涡旋混合，充氮密封，在 4～5℃冰箱中反应过夜 12～16h。然后在试样溶液中加入 0.1mL 0.6mol/L 磷酸甲醇溶液（4.16）中和剩余的碱，再加入 100mg PSA 填料，涡旋混合，静置 5min 过 0.2μm 微孔滤膜后，待测。

6.4 测定

6.4.1 色谱条件

a) 色谱柱：C_{30} 色谱柱，250mmx4.6mm，5μm，或相当者；

b) 柱温：25℃；

c) 流速：1.0mL/min；

d) 检测波长：474nm；

e) 流动相：A 为甲醇，B 为叔丁基甲基醚，C 为 1‰磷酸溶液；梯度洗脱程序见表 1。

表 1　流动相梯度洗脱程序

时间（min）	A（%）	B（%）	C（%）
0	81	15	4
15	66	30	4
23	16	80	4
27	16	80	4
30	81	15	4
35	81	15	4

6.4.2　标准曲线绘制

准确移取适量全反式虾青素标准储备溶液（4.20）用试样定容溶剂稀释成浓度分别为 0.1μg/mL、0.5μg/mL、1.0μg/mL、2.0μg/mL、5.0μg/mL、10.0μg/mL 的标准工作液，现用现配。

6.4.3　液相色谱测定

6.4.3.1　定性方法

分别注入 20μL 全反式虾青素标准工作液（6.4.2）、虾青素几何异构体（4.2.1）和试样溶液（6.3），按 6.4.1 列出的色谱条件进行液相色谱分析测定，根据虾青素几何异构体色谱图中 13-顺式虾青素、全反式虾青素和 9-顺式虾青素 3 种虾青素同分异构体组分的保留时间定性。

6.4.3.2　定量方法

根据试样溶液中虾青素的含量情况，选定峰面积相近的全反式虾青素的标准工作液单点定量或多点校准定量，试样测定结果以 3 种虾青素同分异构体的总和计，外标法定量，同时标准工作液和样液的响应值均应在仪器检测的线性范围之内。

7　结果计算

试样中虾青素的含量（X）按式（1）计算，保留 3 位有效数字。

$$X = \frac{(1.3 \times A_{13-\mathrm{cis}} + A_{\mathrm{trans}} + 1.1 \times A_{9-\mathrm{cis}} \times C_s \times V)}{A_s \times m} \times f \quad \cdots\cdots\cdots (1)$$

式中：

X——样品中虾青素的含量，单位为毫克每千克（mg/kg）；

1.3——13-顺式虾青素对全反式虾青素的校正因子；

$A_{13\text{-cis}}$——试样溶液中 13-顺式虾青素的峰面积；

A_{trans}——试样溶液中全反式虾青素的峰面积；

1.1——9-顺式虾青素对全反式虾青素的校正因子；

$A_{9\text{-cis}}$——试样溶液中 9-顺式虾青素的峰面积；

C_s——标准工作液中全反式虾青素的含量，单位为微克每毫升（μg/mL）；

V——试样溶液体积，单位为毫升（mL）；

A_s——全反式虾青素标准工作液的峰面积；

m——样品质量，单位为克（g）；

f——稀释倍数。

8 方法定量限回收率和精密度

8.1 定量限

鱼类、甲壳类中虾青素的定量限为 25mg/kg，虾粉中虾青素的定量限为 5mg/kg，磷虾油中虾青素的定量限为 10mg/kg。

8.2 回收率

本方法添加浓度为 2.5～100mg/kg 时，回收率为 90%～110%。

8.3 精密度

本方法的批内变异系数≤10%，批间变异系数≤10%。

虾青素部分相关专利

序号	名称	发明人	申请号	申请日期	摘要
1	一种虾青素提纯浓缩罐	邱远望，蔡少达，王婷婷	202222407243.X	2022.09.13	本实用新型公开了一种虾青素提纯浓缩罐，涉及提纯浓缩罐技术领域，解决了现有提纯浓缩罐顶部密封盖在安装时需要依次拧紧密封连接件，步骤烦琐，导致密封效果较差的问题。包括锁紧块，所述锁紧块插接在密封盖的内部。四组连锁密封组件在密封盖安装时能够同步联动实现锁紧密封盖的功能，从而达到密封盖安装快速、步骤简便的目的，同时也提高了密封盖安装后的密封性能，使用方便灵活
2	一种虾青素提取装置	成功	202222811223.9	2022.10.25	本实用新型公开了一种虾青素提取装置，包括萃取釜，萃取釜包括罐体、盖合在罐体顶部的盖体和固接于罐体底部的支撑腿；罐体的底部连通有出料口；出料口上安装有控制阀；盖体的上端面连通有若干个进料口，且中心处安装有第一电机，第一电机的输出端连接有第一转轴；第一转轴上固接有两组对称设置的搅拌叶片；每组搅拌叶片的一端固接有毛刷固定板；毛刷固定板远离搅拌叶片的一端可拆卸，安装有毛刷。本申请对物料进行搅拌的同时，将附着在罐体内壁上的物料清扫下来，提高物料的利用率，使得物料与超临界流体充分接触，萃取率得到有效提高，有效降低萃取成本

（续）

序号	名称	发明人	申请号	申请日期	摘要
3	一种虾青素的提纯方法	朱文凯，梁尧尧，常相清，刘阳，许伟	202211636913.3	2022.12.15	本发明公开了一种虾青素的提纯方法，以含有虾青素的萃取油相为提纯原料，采用3-甲基-5-（2，6，6-三甲基-3-氧代-4-羟基-1-环己烯基）-2，4-戊二烯基三苯基卤化膦和2，7-二甲基-2，4，6-辛三烯二醛为原料在碱性条件下合成虾青素，反应后加酸中和，水洗，采用非极性溶剂萃取，获得萃取油相。提纯中，向萃取油相中加入R1-OH，使混合体系达到或趋近于饱和状态后，降温至预设析晶温度，在降温过程中开始加入R2-OH，加入完毕继续析晶，分离出晶体，干燥，R1、R2独立地选自碳数为3或4的烷基；该方法获得的虾青素产品中不仅反式虾青素含量高，而且副产物尤其是三苯基氧膦、半虾红素和虾红素含量均较低
4	一种虾青素提取装置	杨祖刚，李红伟，张谷林，王紫鑫，王弈涵	202222426999.9	2022.09.14	本实用新型涉及一种虾青素提取装置，属于虾青素提取技术领域。该装置的单片机安装在萃取罐外壳上的机箱内，搅拌装置安装在萃取罐内，电机外置安装在萃取罐上，连接搅拌装置，气压传感器安装在萃取罐内上部，温度传感器安装在萃取罐中部，加热棒分别安装在萃取罐内上、下部，萃取罐顶部进料管上安装有进料阀，气泵安装在CO_2进气管上，进液泵安装在进液管上，萃取罐底部出料管上安装有出料阀。本实用新型发明通过单片机控制萃取所需的物料量，严格控制了物料配比，通过传感器监控萃取罐内的实时情况，确保了萃取的温度和气压稳定在一定范围内，保证了青虾素的提取率，提高了设备的自动化程度

（续）

序号	名称	发明人	申请号	申请日期	摘要
5	一种虾青素破壁设备	周全勇，杨祖刚，田晓艳，何丽亚，王紫鑫	202222427017.8	2022.09.14	公开了一种虾青素破壁设备，属于虾青素生产设备领域。所述虾青素破壁设备包括进料口、破壁组件、溶氧量传感器、溶氧量控制仪、溶氧量显示控制仪、传输带以及集料箱。进料口以及破壁组件相连安装于破壁机内，溶氧量传感器和溶氧量控制仪以及溶氧量显示控制仪电性相连安装于破壁机内，破壁机下方安装集料箱，集料箱与破壁机中间安装传输带。解决了虾青素在破壁过程中需要低含氧量的问题，又不破坏在发酵红发夫酵母时所需的溶氧量高的环境，能进一步提高虾青素的产量，且所选的装置人员操作起来简洁易懂
6	快速鉴别合成虾青素和天然雨生红球藻虾青素的方法	高娟，左志超，王涛，赵创，严明	202211054956.0	2022.08.31	本发明涉及虾青素鉴别方法，具体涉及快速鉴别合成虾青素和天然雨生红球藻虾青素的方法，可解决现有技术中存在的无法快速鉴别合成虾青素及天然雨生红球藻虾青素的不足之处。本发明快速鉴别合成虾青素和天然雨生红球藻虾青素的方法包括以下步骤：样品预处理、展开剂准备，样品展开，第一次检视，显色和第二次检视；所述展开剂包括乙酸乙酯、三氯甲烷、甲醇、甲酸以及水，并将其按比例混合；所述显色剂采用硫酸乙醇；第一次检视和第二次检视后，对比未知样品与标准样品检视图像，验证未知样品；所述第一次检视和第二次检视结果均可验证未知样品

（续）

序号	名称	发明人	申请号	申请日期	摘要
7	一种虾青素生产用虾青素晶体干燥装置	白建	202221964755.X	2022.07.28	本申请公开了一种虾青素生产用虾青素晶体干燥装置，涉及虾青素生产技术领域，包括第一箱体，所述第一箱体的顶部镶嵌有进料斗，第一箱体内腔的右侧侧壁固定有电机，第一箱体的内腔设置有球形集水罐，球形集水罐的两侧壁均固定有支撑杆，一侧所述支撑杆与电机的输出端相固定，所述球形集水罐的顶部镶嵌有传料管，所述传料管的底部固定有球形脱水桶，所述球形脱水桶开设有多组排水孔，所述球形集水罐的底部固定有出水管。工作人员将需要干燥的虾青素晶体倒入进料斗中，落入传料管中，通过传料管进入球形脱水桶中，加料完成后，关闭传料管的电磁阀，启动电机，同步带动球形集水罐、球形脱水桶、出水管和传料管进行转动
8	虾青素的发酵生产方法	李翔宇，余超，陆姝欢，赵洒，汪志明	202110736148.1	2021.06.30	本发明提供一种虾青素的发酵生产方法。所述方法包括以保藏编号为 CCTCC M 2021564 的裂殖壶菌作为发酵菌种进行虾青素的发酵生产。该菌株是以从海水中筛选分离得到的裂殖壶菌作为出发菌株，经诱变筛选获得的虾青素含量高的突变株，且其得到的虾青素中含有大量 DHA 虾青素酯，具有较高的经济价值和应用价值
9	一种催化合成虾青素的方法	朱文凯，任光明，邱金倬，梁尧尧，胡松涛，常相清，许伟，刘阳	202111569916.5	2021.12.21	一种催化合成虾青素的方法，包括以下步骤：①将化合物Ⅱ和化合物Ⅲ按照摩尔比（2.05～2.1）∶1的配比一起置于溶剂中，加入弱碱，搅拌混合冷却控制温度在10～25℃；②控制温度在10～25℃下，将碱液以连续方式滴加至步骤①的反应混合物中，所述碱液中的碱与化合物Ⅱ的摩尔比为（1.4～2.5）∶1；③反应完成后，加入酸进行中和，萃取分离，并浓缩有机相，得到化合物Ⅰ

（续）

序号	名称	发明人	申请号	申请日期	摘要
10	一种虾青素的合成方法	吴世林，邸维龙，黄海青，张贵东，肖亨，江华峰	202110763269.5	2021.07.06	本发明提供一种虾青素的合成方法，属于医药化工技术领域，先制备化合物 21 和化合物 22，再利用化合物 21 和化合物 22 合成化合物 5，再利用化合物 5 与化合物 6 生成虾青素，整个制备过程原料易得，合成过程安全易操作，产物收率高；所述化合物 21 为 4-卤代-2-甲基-丁烯-1-甲缩醛，所述化合物 22 为 2，2，4，6，6-五甲基-5，6，7，7-四氢-5-次甲基-1，3-苯并二氧戊环，所述化合物 5 为 3-甲基-5-（2，6，6-三甲基-3-氧代-4-羟基-1-环己烯基）-2，4-戊二烯基三苯基卤化膦，所述化合物 6 为 2，7-二甲基-2，4，6-辛三烯二醛
11	一种天然虾青素的制造方法	丁龙，陈云明	202110665104.4	2021.06.16	本发明属于化工技术领域，尤其为一种天然虾青素的制造方法：裂变繁殖，在 pH 8.0、光照强度 1 000lx 下连续培养 24h、温度 24℃、接种量 1.95×10^5 个/mL 的培养条件下，将雨生红球藻藻种储存在藻种光合反应器内进行裂变繁殖。本发明通过设置微波杀菌，可有效保持营养成分，微波有热效应的快速升温和非热效应（生物效应：微波快速击穿细菌细胞膜，细菌死亡）的双重杀菌作用；相比常规热力干燥、杀菌能在比较低的温度和较短的时间就能获得所需的干燥、杀菌效果，同时更加节能

（续）

序号	名称	发明人	申请号	申请日期	摘要
12	一种制备反式虾青素的方法	章文劼，陈德全，丁春华	202110636442.5	2021.06.08	本发明公开了一种制备反式虾青素的方法，属于生物制剂领域。具体步骤：以葡萄糖、氨水及硫酸铵作为原料，法夫酵母或大肠杆菌微生物作为生产菌种进行发酵，代谢合成虾青素，在合成过程中添加诱导剂进行细胞催化促使菌体合成反式虾青素；对发酵液进行浓缩并收集菌体，得含有菌体的浓缩液；再进行细胞破壁，得到破壁溶液；向破壁溶液中添加预胶化淀粉、环糊精、普鲁兰多糖、明胶或羟丙甲纤维素，用乳化机进行均质乳化，进行包埋处理；对包埋过的混有虾青素的菌泥进行干燥成粉，获得反式虾青素。本发明具有生产工艺简单，生物利用率高，生产规模容易放大，生产成本低的优点，同时，本发明所获得的虾青素为全反式结构，生物活性高，应用范围广
13	一种虾青素提取方法	陈国安，杨盛荣，张显久，赵樾	202111648863.6	2021.12.30	本申请涉及天然产物提取的领域，具体公开了一种虾青素提取方法。一种虾青素提取方法，包括如下步骤：将经过灭菌处理的废弃虾壳经过破碎、酶解、过滤后得到营养液；将雨生红球藻培养液接入至营养液中，在光强为 $2\ 000\sim4\ 000$ lx，光暗比为 $12：12$ 的条件下培养 $5\sim7$ d 后，在光强 $7\ 000\sim10\ 000$ lx 的条件下胁迫生长 $8\sim10$ d，分离得到虾青素制备原料；将虾青素制备原料投入至离子液体-低共熔溶剂双水相体系中进行提取，得到虾青素粗提液；虾青素粗提液纯化、沉淀后得到虾青素产品。本申请的制备方法充分利用了废弃虾壳的营养成分，绿色环保；并且使用的提取体系为离子液体-低共熔溶剂双水相体系，安全无毒，提取高效；得到高纯度、高提取率的虾青素产品

（续）

序号	名称	发明人	申请号	申请日期	摘要
14	叶黄素制备虾青素的方法	朱春晖	202110135054.9	2021.02.01	本发明涉及虾青素制备技术领域，尤其涉及叶黄素制备虾青素的方法，包括以下步骤：称取 100～500g 叶黄素，置于高压反应釜中，加入 50～120mL 的 1,2-丙二醇和 10～15mL 的乳化剂，搅拌混合均匀，随后，向反应釜中加入 10～50g 的反应催化剂和 10～40g 的相转移催化剂，于 100～120℃下反应 50～70h，得玉米黄素；各称取 40～60g 的虎杖和决明，将其研磨成粉，加入浓度为 60%～90% 的乙醇溶剂 100mL，对其回流提取过滤，得白藜芦醇。本发明不仅能够提高虾青素对紫外线的吸收效果，而且还能有效地提高虾青素的抗氧化能力
15	一种虾青素的检测方法	甄德帅，蔡青云，刘禹森，刘宏昌	202010921219.0	2020.09.04	本发明涉及一种虾青素的检测方法。配制标准工作溶液；称取待检测样品，溶解于丙酮中并加入 0.08～0.12g BHT，待 BHT 溶解后，转移至 50mL 的容量瓶中，用丙酮定容，摇匀，获得样本溶液 A；将 2mL 所述样本溶液 A 和 3mL 胆固醇酯酶溶液混合均匀后，于 37℃ 的恒温箱中反应 45～55min，获得混合溶液；再向所述混合溶液中加入 1g 十水硫酸钠和 2mL 石油醚，并超声分散 40～80s 后，离心分层；然后取位于上层的石油醚层，并用氩气吹干石油醚后，加入 3mL 丙酮，超声溶解 40～80s 后，用孔径为 0.22μm 的有机溶剂微孔滤膜过滤，获得样本溶液 B；采用同样的方法获得空白样本溶液 A、获得空白样本溶液 B；然后进行 MALDI-TOF MS 测定，再结合所得的 MALDI-TOF MS 谱图，计算获得样品中虾青素含量。本发明的检测方法灵敏度高，重现性好

（续）

序号	名称	发明人	申请号	申请日期	摘要
16	一种虾青素干燥技术装置	赵家连，褚馨怡，赵家江	202020369844.4	2020.03.23	本实用新型公开了一种虾青素干燥技术装置，包括干燥壳体，所述干燥壳体两端内壁安装有同一个电动传送带，且干燥壳体两端内壁顶部转动连接有等距离分布的旋转轴，旋转轴圆周外壁安装有等距离分布的连接板，干燥壳体顶部一侧内壁安装有刮板，所述旋转轴一端延伸到干燥壳体的外部，且干燥壳体一端外壁一侧安装有电动机，电动机输出轴和旋转轴圆周外壁一端均套接有齿轮盘，齿轮盘外壁套接有同一个链条。本实用新型中，通过设置耐高温除湿机，将烘干后的气体进行除湿，从而达到了热气重复再利用的效果，节约了热资源，通过设置刮板，将虾壳均匀平摊在电动传送带表面，保证了虾壳烘干的全面性
17	一种虾青素提取装置	焦慧良，和嘉杰，陈云	202021754240.8	2020.08.21	本实用新型涉及虾青素提取技术领域，具体是一种虾青素提取装置，包括混合箱、研磨箱，所述混合箱顶端左右两侧均固定设有进料口，两个所述进料口的中间固定设有第一电机，所述第一电机安装在混合箱的顶部，第一电机的输出轴通过联轴器固定连接有转动轴，转动轴上设有搅拌杆，搅拌杆设有多组且搅拌杆与转动轴螺纹连接，混合箱内固定设有加热器，混合箱靠近底部的右端固定连通有输送管，输送管的另一端与研磨箱连通，研磨箱内设有研磨装置，研磨箱靠近输送管下方的左端内壁上活动连接有导流板，研磨箱内壁左端上固定设有收集箱。本实用新型设计合理，操作简单，为虾青素的提取带来极大的便利

（续）

序号	名称	发明人	申请号	申请日期	摘要
18	一种深共熔溶剂及提取虾青素的方法	曹学丽，裴海闰，叶怡蘅，樊琛，刘萍	202211242079.X	2022.10.11	本申请的实施例提供了一种深共熔溶剂及提取虾青素的方法，所述深共熔溶剂包含 DL-薄荷醇、麝香草酚、樟脑和 α-松油醇中的至少两种。本申请实施例所提供的深共熔溶剂包含萜类化合物，利用相似相容原理实现了虾青素的高效提取，具有提取效率高、无毒、对虾青素结构破坏小、环境友好等优点，并且操作简单、安全、成本低、适于工业化规模生产
19	一种虾青素晶体生产干燥箱	孙成武，刘浩，周传稳	202222935041.2	2022.11.04	本实用新型涉及一种虾青素晶体生产干燥箱，包括底座，底座上设置有均匀干燥机构，底座上设置有干燥粉碎组件，均匀干燥机构包括与底座顶部固定安装的箱体，箱体的顶部固定安装有进料管，箱体的内壁两侧固定安装有干燥箱，干燥箱的底部固定安装有出料管，箱体的顶部固定安装有位于进料管右侧的电机，电机的输出端固定安装有搅拌轴，搅拌轴的外侧固定安装有第一搅拌叶和第二搅拌叶。该虾青素晶体生产干燥箱，通过安装加热板和第一加热片，能够对进入干燥箱内部的虾青素进行加热干燥处理，通过电机、搅拌轴、第一搅拌叶和第二搅拌叶的共同作用，能够使虾青素在干燥过程不断被翻动，达均匀干燥的目的

（续）

序号	名称	发明人	申请号	申请日期	摘要
20	一种虾青素超临界萃取装置	成功	202222820832.0	2022.10.25	本实用新型公开了一种虾青素超临界萃取装置，包括萃取釜，萃取釜包括罐体、盖合在罐体顶部的盖体和固接于罐体底部的支撑腿；罐体的底部连通有出料口；出料口上安装有控制阀；盖体的上端面连通有若干个进料口，且中心处安装有电机，电机的输出端连接有第一转轴；第一转轴的上部固接有连杆；连杆的一端固接有轴承安装座；轴承安装座通过轴承转动安装有第二转轴；第二转轴上固接有毛刷筒；毛刷筒的外筒壁上均匀安装有毛刷；第一转轴上还安装有搅拌叶片。本申请能够将附着在罐体内壁上的物料清扫下来，提高物料的利用率，并且使得物料与超临界流体接触充分，萃取率得到有效提高，大大降低萃取成本
21	一种虾青素双水相体系分离装置	王志臻，高凯，刘珊珊	202220193731.2	2022.01.24	本实用新型公开了一种虾青素双水相体系分离装置，包括底板，所述底板的上表面固定安装有底座，底座的内壁插接有分离试管，分离试管的表面设置有刻度线，分离试管的上方开口转动连接有滑动管，滑动管的表面通过连接柱固定安装有旋转盘，旋转盘的上表面固定安装有调节管，调节管的内壁滑动连接有搅拌通管，搅拌通管的下端延伸至分离试管的内壁。该虾青素双水相体系分离装置中，微型电机能够驱动旋转盘进行转动，进而对混合溶液进行搅拌，在调节管的内壁移动搅拌通管，观察搅拌通管的下端与上相部分的底面接触，将外部的注射器通过插接管与搅拌通管连接，能够精准将上相部分进行吸出分离，大幅减小了人工手动把持搅拌通管所带来的误差

（续）

序号	名称	发明人	申请号	申请日期	摘要
22	一种虾青素混合液分离装置	田晓艳，周全勇，何丽亚，梁文伟，李红伟	202222427615.5	2022.09.14	本实用新型涉及一种虾青素混合液分离装置，属于虾青素分离技术领域，本实用新型包括底座、试管架、滑块、连接杆、吸液管、试管塞、指针、伸缩杆、注射器夹；本实用新型试管塞以及滑块共同对吸液管进行稳定控制，避免人手控制造成的控制不稳定性；通过注射器夹对注射器进行夹持，通过伸缩杆对注射器位置进行调整，并通过伸缩杆的螺栓锁紧对注射器进行稳定，避免人手持注射器造成吸液过程中注射器的不稳定；通过指针对吸液管底端在混合液中位置进行指示，避免液体折射作用对人眼直接观察液体中吸液管底端位置造成的影响，提高吸液管位置调整的准确性
23	一种虾青素磷虾油乳化专用装置	丁奇，刘福贵，张龙	202221057699.1	2022.05.05	本实用新型公开了一种虾青素磷虾油乳化专用装置，包括箱体和搅拌组件，所述箱体的上端设置有电机，所述搅拌组件设于箱体的内部上壁中端，所述搅拌杆的左右两侧设置有搅拌棍，所述支撑杆的下端设置有辅助组件，所述轴承的下端安装有小型支撑棍。该虾青素磷虾油乳化专用装置，通过搅拌棍、小型支撑棍与搅拌叶便于快速将虾青素磷虾油乳与表面活性剂在强烈的搅拌下搅拌得更加均匀，并且将下料袋固定在下料管道与矩形框体的内部，能够保障下料管道与矩形框体表面不会黏附虾青素磷虾油乳与表面活性剂，防止影响该设备后期的使用情况，同时控制阀、暂存箱体与卸料管有利于该设备能乳化两次物料后再进行物料储存，使得操作人员能够提高工作效率

（续）

序号	名称	发明人	申请号	申请日期	摘要
24	一种新型高效虾青素破壁提取的方法	牛坤 姜书华 王碧 洪永德 吴文忠	202210790642.0	2022.07.06	本发明公开了一种新型高效虾青素破壁提取的方法，包括超高压破壁、离心膜和超临界萃取工艺。本发明提供的工艺条件温和，对产品质量和工业化生产上具有明显的优势。同时采用的无溶剂提取，保证天然，无溶残。通过超高压物理破壁方式，极好保证了植物的破壁率以及有效组分的不流失，同时没有使用酸碱，保护了环境破壁使用水体系，保证了无污染无溶剂破壁。首次提出使用离心膜，并且结合超临界提取，超临界提取过程中，创新性地使用到了油脂作为夹带剂，大大提升效率。整体过程中高度自动化、智能化，为连续化生产提供可行性
25	一种用于虾青素生产的喷雾造粒设备	任霄泽，陆财源，杨亮，陈永富	202220775966.2	2022.04.01	本实用新型公开了一种用于虾青素生产的喷雾造粒设备，包括箱体①，所述的箱体①上端一侧设有物料进料管②，物料进料管（2）连接位于箱体①内的雾化器③，箱体①上端另一侧设有第一进风管④，第一进风管④上接有淀粉进料管⑤，箱体①内设有斜挡板⑥，斜挡板⑥上设有进风口，箱体①下侧设有流化床⑦，流化床⑦内设有导气孔⑧，流化床⑦上端设有搅拌器，箱体①下端设有第二进风管⑨，箱体①侧壁设有出风口⑩。它可以增加颗粒干燥时间，避免颗粒发生粘连

（续）

序号	名称	发明人	申请号	申请日期	摘要
26	一种含天然虾青素的宠物猫粮	高玉斌	202210247944.3	2022.03.14	本发明属于宠物粮技术领域，且公开了一种含天然虾青素的宠物猫粮，产品原料组成按重量百分比为：鸡肉：20%～22%、鸡肉粉：18%～20%、鸭肉粉：11%～12%、甘薯：10%～12%、豌豆：9%～10%、鸡油：7%～8%、牛肉粉：5%～6%、鱼肉：3%～5%、苜蓿草：2%～3%、牛油：1%～1.5%、啤酒酵母：1%～1.5%、海带粉：1%～2%、鸡肝粉：1%～1.5%和食品添加剂：2%～3%。本发明通过在猫粮中添加天然抗氧剂虾青素，来对宠物猫摄入的营养成分进行补充，通过虾青素对宠物猫的毛发进行改善，可有效实现宠物猫的毛发光洁程度改善并提高宠物猫的毛发着色程度，虾青素的加入同样可以防止由糖尿病引起的宠物猫眼部疾病，提高宠物猫的免疫力，相比现有的猫粮具有明显的进步
27	一种虾青素生产用的高效萃取装置	郝继福，王七九，曹振山，李玫，刘光明，董影影	202221198408.0	2022.05.18	本实用新型公开了一种虾青素生产用的高效萃取装置，包括塔体，所述塔体的内部开设有空腔，所述空腔的内壁固定安装有多个水平的塔板，所述塔板的中心位置开设有上下连通的空洞，所述塔体的顶部开设有孔洞，所述塔体的顶部设置有一号电机，所述一号电机的轴心固定连接有转动杆，所述转动杆的外壁与空洞活动连接，所述转动杆的外壁固定连接有多个水平的筛板，所述筛板的外壁开设有多个上下连通溢流孔，所述一号电机的外壁设置有传动装置，通过转动杆带动筛板快速搅拌，带动内部轻相液和重相液碰撞转动，分散形成小液滴，使传质面积增加，同时筛板的外壁开设了多个溢流孔，增加了接触碰撞的面积，效率更高

（续）

序号	名称	发明人	申请号	申请日期	摘要
28	一种虾青素高水分散微球装置	王志臻，高凯，刘珊珊	202220195936.4	2022.01.24	本实用新型公开了一种虾青素高水分散微球装置，包括箱体，所述箱体的内前壁与内后壁均开设有滑槽，两个滑槽的内壁均滑动连接有操作杆，两个操作杆的相对面固定安装有置物网板，操作杆的上端固定连接有操作环，箱体的两侧内部均嵌设有管道，管道的表面设置有延伸至箱体内部的喷头。该虾青素高水分散微球装置，通过设置伺服电机、搅拌杆和柔性刷毛，将待清洗的虾青素凝胶小球放置在置物网板上，在水泵的作用下将外部的水抽进管道中并通过喷头将其喷出，对箱体内的凝胶小球进行浸泡，并在伺服电机的作用下带动搅拌杆转动，搅拌杆的转动带动柔性刷毛对箱体内的凝胶小球进行刷洗，避免需要工作人员通过人工去对其进行清洗，提高了工作效率
29	一种体内虾青素转化力的检测方法	张丽莉，黄世玉，王国栋，龚筱婷，卢锡琴	202210080694.9	2022.01.24	本发明公开了一种体内虾青素转化力的检测方法。本发明通过对水产动物肝胰腺组织进行切片处理，显微镜观察并用 Photoshop 软件进行红、黄颜色分离，通过公式计算像素比 K 值，并根据不同置信区间设定的数值确定水产动物体内虾青素转化力大小。本发明不需要提取虾青素，即可对体内虾青素的转化力进行检测，检测效率高，可以了解不同水产动物个体间虾青素转化能力。通过 Kr：Ky 对虾青素转化力进行分级，级数越高其转化力越强。方法简单、实用。可为虾青素生物合成过程中相关酶的表达调控网络的识别、信号传导通路、级联传递途径和信号转导组分等理论研究奠定基础

（续）

序号	名称	发明人	申请号	申请日期	摘要
30	基于红法夫酵母制备虾青素精油的方法	冯彦淞，张兵，靳婷，胡欣	202210395909.6	2022.04.14	本发明涉及虾青素技术领域，具体涉及基于红法夫酵母制备虾青素精油的方法。本申请基于红法夫酵母制备虾青素精油的方法，利用食品级试剂（食品乙醇、食品乳酸）通过物料前处理、酸法破壁、收集红法夫酵母菌体、提取红法夫酵母中虾青素、浓缩虾青素提取液、粗制虾青素精油、精制虾青素精油，获取虾青素精油成品并进行保存，使红法夫酵母中部分磷脂溶于油脂并增加虾青素在油脂中的溶解度，在不添加额外辅料的情况下使精油中虾青素的含量从 300mg/L 提升至 1200mg/L，从而获得高品质的虾青素精油。本发明的工艺简单、成本低廉，使用较低比例的乙醇和乳酸，即可获得高收率的虾青素精油
31	虾青素加工用制备合成装置	赵家江	202210000223.2	2022.01.01	本发明提供了虾青素加工用制备合成装置，涉及虾青素合成技术领域，包括底座，所述底座为箱体结构，且底座的一侧固定连接有支架，在支架的一侧还固定连接有进料管，进料管为双向贯通结构，且进料管的内部呈对向铰接有两处挡板，挡板具有磁性，并且挡板具有的磁性与磁性隔块的磁极相反，在底座的内部底端面上固定连接有导杆，导杆用于导向座体，解决了现有的在生产过程中需要人工进行实时的观测后手动再进行填料，使得其在生产合成中存在着诸多不便的问题。在座体通过液体对浮球所产生的浮力使得座体沿着导杆向上运动，当座体向上运动到一定程度时，可以通过安装在托架底侧的阻板插入到进液管的内部进行自动化的阻隔的设计

（续）

序号	名称	发明人	申请号	申请日期	摘要
32	酯化虾青素的制造方法及酯化基因的应用	李翔宇，万霞，刘洋，刘鹏阳，吴俊杰	202210056142.4	2022.01.18	本公开提供了一种酯化虾青素的制造方法，属于生物工程技术领域。所述制造方法包括：获取酯化基因，所述酯化基因来自裂殖壶菌且与裂殖壶菌中的 $dgat2$ 基因的同源性高于 90%，所述 $dgat2$ 基因用于形成 DGAT2 蛋白；采用所述酯化基因，构建酯化虾青素的表达载体；将所述表达载体转化至产游离虾青素的工程菌株中，得到酯化虾青素。本公开通过该酯化虾青素的制造方法，可以制得酯化虾青素
33	一种虾青素超临界萃取装置	王志臻，高凯，刘珊珊	202220195937.9	2022.01.24	本实用新型公开了一种虾青素超临界萃取装置，包括安装箱，所述安装箱的上表面设置有进料管，进料管的上表面设置有驱动电机，驱动电机的输出轴设置有螺纹杆，进料管的内壁转动连接有破碎辊筒，螺纹杆与破碎辊筒相啮合，进料管的内壁分别设置有调节电机、导向块和半导体制冷器，调节电机的输出轴设置有刀片，安装箱的右侧面分别设置有伺服电机和气泵。该虾青素超临界萃取装置，通过设置进料管、驱动电机、螺纹杆、破碎辊筒、调节电机、刀片、导向块和半导体制冷器，半导体制冷器能够降低进料管内的温度，使进料管保持低温的环境，驱动电机带动螺纹杆转动，由于螺纹杆与破碎辊筒相啮合，破碎辊筒会对雨生红球藻进行搅碎

（续）

序号	名称	发明人	申请号	申请日期	摘要
34	虾青素生产线上用自动提纯回收系统	张勇，李林品	202221228378.3	2022.05.22	本实用新型涉及提纯回收系统技术领域，且公开了虾青素生产线上用自动提纯回收系统，包括破碎室和基座，所述破碎室的底部连接基座，所述基座的右上端通过支撑脚连接有回收室，所述破碎室的左上端开设有入料漏斗，所述破碎室的内部设置有破碎轴，所述破碎轴的两侧均设置有破碎刀，所述破碎室的顶部通过固定座连接有破碎电机，所述破碎电机的下端连接有联轴器，所述破碎轴的上端与联轴器相连接。本实用新型通过设置第一中空腔室、第二中空腔室、卷式纳滤膜层、中空纤维超滤膜层、板式反渗透膜层、输送管道和输水泵，利用它们之间的相互配合作用提高提纯回收的效率，且提纯回收效果好，自动化程度高，操作便捷
35	一种评价虾青素抗光照氧化能力的方法	黄青，郑鑫鑫	202210689692.X	2022.06.17	本发明涉及虾青素抗氧化能力检测技术领域，具体来说评估虾青素对抗光照氧化的评估方法。通过选择对虾青素合适的光敏剂、活性氧探针、光照时间、反应试剂浓度及光谱测量方式和方法，可以实现虾青素抗光照氧化能力的评估。这是首次建立针对虾青素的抗光照氧化能力的实验方案和检测方法。该专利对实验设备要求低，具有简单便捷、易于操作、测量准确可靠、可定量分析的优点
36	一种生物合成虾青素的方法及载体	叶紫玲	202210778671.5	2022.06.30	本申请公开了一种生物合成虾青素的方法，其包括采用能够表达雨生红球藻来源的 β-胡萝卜素酮醇酶和 β-胡萝卜素羟化酶的工程菌中实现虾青素的生物合成。其中，所述 β-胡萝卜素羟化酶包含 G135L 点突变。引入点突变后，虾青素产量提高了 2.8 倍

（续）

序号	名称	发明人	申请号	申请日期	摘要
37	一种制备水溶性虾青素的方法及由其制得的虾青素水溶液	齐祥明，梁康琳，黄文灿，毛相朝	202010733602.3	2020.07.27	本发明提供一种制备水溶性虾青素的方法，所述方法通过将含虾青素的原料与含有机酸的溶液混合后进行细胞破碎，再进行浸取，能够实现天然虾青素与原料中天然存在的蛋白质、核酸或多糖等成分间相互作用，从而直接制得水溶性虾青素，无需再对虾青素进行改性，且虾青素来源天然，操作流程简单，设备要求低，生产成本低，绿色安全，无有机溶剂残留，易于工业化实现
38	一种虾青素制备反应搅拌控制装置	徐宝顺	202110174213.6	2021.02.07	本发明涉及属于反应搅拌控制，具体为一种虾青素制备反应搅拌控制装置，支脚的上端水平固定安装有搅拌罐和方板；方板的上表面固定安装有台座；台座的上表面水平固定安装有传动电机；传动电机的前端安装有减速器；减速器的前端水平安装有传动轴；传动轴上均间隔固定安装有搅拌棒；搅拌棒位于搅拌罐内；搅拌棒上固定安装有搅拌叶板；搅拌罐的上表面竖直固定安装有进料管；进料管的前端侧壁水平有卡接板；进料管的后端上表面水平固定安装有铰接轴；铰接轴上连接安装有盖体；本发明能够提供一种搅拌叶板接触面积广，原料可充分接触反应，搅拌罐密封性能好以及原料不易漏出的虾青素制备反应搅拌控制装置

（续）

序号	名称	发明人	申请号	申请日期	摘要
39	一种微藻内虾青素的快速提取方法	黄成潭，潘军，叶蕾，黄敏	202110925112.8	2021.08.12	本发明涉及天然色素提取技术领域，特别涉及一种微藻内虾青素的快速提取方法。该方法包括：将含有微藻的养殖水与蛋白保护剂混合，经第一离心，得到浓缩藻液；将浓缩藻液与混合萃取液混合，对所得混合藻液进行冷藏；混合萃取液由乙醇、丙酮、正乙烷和水组成；将冷藏后的混合藻液与抗氧化剂、表面活化剂混合，进行细胞破碎，得到破碎后的藻液；将破碎后的藻液进行超声提取；经超声提取后的混合藻液进行第二离心，得到上清液；将上清液与硫酸铵、聚丙二醇混合，搅拌；将搅拌好的料液进行第三离心，将所得沉淀物进行冷冻干燥。本发明混合萃取液的萃取率高。本发明通过较为简便的方式，可将虾青素快速提取和纯化，提取成功率可达99%，且溶剂残留极低
40	一种提取法夫酵母中虾青素的方法	胡向东，梁新乐	202110865933.7	2021.07.29	本发明涉及虾青素提取方法的技术领域，本发明提供了一种提取法夫酵母中虾青素的方法。包括如下步骤：①用二甲基亚砜对法夫酵母进行浸泡预处理，然后分离法夫酵母；②在分离的法夫酵母中加入乙醇，用超声波进行破壁处理；③固液分离，得到法夫酵母细胞碎片；④在所述法夫酵母细胞碎片中加入丙酮浸提，得到虾青素浸提液。本发明提供了一种提取法夫酵母中虾青素的方法，本发明采用两步破壁法，即二甲基亚砜破壁法和超声波破壁法，先后处理法夫酵母，提高了虾青素的提取率，减少了虾青素的损失，使虾青素的产量能够达到 $180.7 \sim 197.6 \mu g/g$

（续）

序号	名称	发明人	申请号	申请日期	摘要
41	一种产虾青素的居海胆杆菌及其应用	周正富，张维，庞雨，林敏，陈明	202110524514.7	2021.05.13	本公开涉及一种产虾青素的居海胆杆菌，该居海胆杆菌的分类命名为玛瑞纳居海胆杆菌 SCS 3-6（*Echinicola marina* SCS 3-6），所述玛瑞纳居海胆杆菌 SCS 3-6 的保藏编号为 GDMCC No.61244。该产虾青素的居海胆杆菌可直接作为产虾青素的供体，也可以作为新的基因工程菌株，通过接受外来优良基因获得更多的优良性状，从而获得高产和高活性的虾青素
42	一种用于鲜活龙虾的虾青素萃取装置	李永艳，唐勇，熊睿涵	202122794603.1	2021.11.16	本实用新型公开了虾青素技术领域的一种用于鲜活龙虾的虾青素萃取装置，包括装置箱体，所述清洁废水传导管向下延展至第一废水利用仓的内部，所述下料分管的下端安装有虾青素传导管，所述虾青素传导管向下延展至第一虾青素置放仓的内部，所述虾青素传导管的外壁上安装有虾青素管道控制阀，所述第一虾青素置放仓的下端连接有第一虾青素取样管，所述第一废水利用仓的下端连接有第一废水排放管，所述第一废水利用仓的内部插接有加温棒，所述加温棒远离第一废水利用仓的一端安装有第一加温器，该用于鲜活龙虾的虾青素萃取装置，采用分管导流技术将虾青素和废水分开，并有效利用废水，给废水加热以实现水浴加热保温的效果

参 考 文 献

安振华，王柳富，李晴，2017. 虾青素对微囊藻毒素 MC-LR 胁迫下克氏原螯虾的生长，繁殖及免疫力的影响［J］. 水产养殖，38（1）：30-34.

陈耿，华利忠，张书霞，2010. 猪圆环病毒Ⅱ型和巨噬细胞对体外培养仔猪淋巴细胞白介素-6 和白介素-10 及其受体表达的影响［J］. 江苏农业学报，26（5）：993-998.

陈晓明，金征宇，2004. 富含虾青素的法夫酵母对金鱼体色的影响［J］. 中国水产科学，1（11）：70-73.

陈秀梅，高东旭，李祖洋，等，2022. 虾青素对黄颡鱼生长、体色及抗氧化的影响［J］. 饲料工业，43（4）：21-24.

崔培，刘芳，杨广，等，2013. 虾青素对锦鲤血液及抗氧化指标的影响［J］. 东北农业大学学报，44（3）：89-94.

公翠萍，朱文彬，刘浩亮，等，2014. 饲料中添加虾青素对红罗非鱼各组织类胡萝卜素含量和沉积率的影响［J］. 上海海洋大学学报，23（3）：417-422.

关献涛，2017. 饲料中添加虾青素，叶黄素等 4 种物质对东星斑的生长，体色和抗氧化性的影响［D］. 上海：上海海洋大学.

郭全友，李松，姜朝军，等，2018. 两种饵料对养殖大黄鱼体色和品质的影响［J］. 食品与发酵科技，54（6）：69-74.

韩星星，王秋荣，叶坤，等，2018. 叶黄素和虾青素对大黄鱼体色及抗氧化能力的影响［J］. 福建水产，40（2）：104-110.

黄璞，贾铭宇，刘涛，等，2011. 虾青素对七彩神仙鱼生长和形体的影响［J］. 吉林农业，（3）：93-94.

江红霞，林雄平，轩文娟，2017. 盐胁迫对雨生红球藻虾青素累积，虾青素合成相关酶基因表达和抗氧化指标的影响［J］. 中国水产科学，24（6）：1342-1353.

金征宇，吕玉华，1999. 饲料中添加富含虾青素的法夫酵母对罗氏沼虾的体色及生长状况的影响［J］. 饲料工业，20：29-31.

冷向军，李小勤，2006. 水产动物着色的研究进展［J］. 水产学报，30（1）：138-143.

李段桑，2015. 固相萃取-反相高效液相色谱法测定大黄鱼皮肤主要色素［J］. 食品工业科技，36（4）：57-66.

李美鑫，刘曦澜，许世峰，等，2021. 虾青素对乌鳢生长，抗氧化和免疫功能的影响［J］. 饲料工业，42（16）：51-57.

李小慧，汪学杰，牟希东，等，2008. 饲料中添加虾青素对血鹦鹉体色的影响［J］. 安徽农业科学，36（20）：8606-8607，8632.

梁春梅，2007. 虾青素的生物学功能及其在水产饲料中的应用［J］. 广东饲料，5：34-35.

刘宏超，杨丹，2009. 从虾壳中提取虾青素工艺及其生物活性应用研究进展［J］. 化学试剂，（2）：105-108.

刘明哲，姚金明，赵静，等，2022. 虾青素对大鳞副泥鳅生长，饲料利用，体色及相关基因表达的影响［J］. 吉林农业大学学报，44（2）：228-235.

卢全章，1991. 草鱼胸腺组织学的研究［J］. 水生生物学报，15（4）：327-332.

卢全章，1998. 草鱼头肾免疫细胞组成和数量变化［J］. 动物学研究，19（1）：11-16.

麻楠，龙晓文，赵磊，等，2017. 饲料中添加合成虾青素对中华绒螯蟹成体雌蟹性腺发育、色泽和抗氧化能力的影响［J］. 水生生物学报，41（4）：755-765.

马文元，吴旭干，张小明，等，2016. 育肥饲料中虾青素含量对雄性中华绒螯蟹肠道和鳃部可培养优势细菌数量和组成的影响［J］. 水产学报，40（9）：15.

牟文燕，韦敏侠，高妍，等，2014. 虾青素对血鹦鹉生长，体形，体色及抗氧化能力的影响［J］. 饲料工业，S1：4.

裴素蕊，管越强，马云婷，2009. 饲料中添加虾青素对凡纳滨对虾生长、存活和抗氧化能力的影响［J］. 水产科学，28（3）：126-129.

彭小兰，2005. 虾青素的生理功能及其生产与应用研究［J］. 当代畜牧，11：50-52.

曲木，张宝龙，程镇燕，等，2018. 饲料不同着色剂对金鱼生长，体色及抗氧化能力的影响［J］. 中国饲料，7：72-79.

孙刘娟，吴李芸，白东清，等，2016. 虾青素对血鹦鹉体色、生长和非特异性免疫指标的影响［J］. 北方农业学报，44（1）：91-95.

王海芳，朱基美，2016. 饲料中添加虾青素对南美白对虾生长、成活率及虾体内虾青素含量的影响［J］. 广东饲料，25（4）：25-28.

王吉桥，樊莹莹，徐振祥，等，2012. 饲料中 β-胡萝卜素和虾青素添加量对仿刺参幼参生长及抗氧化能力的影响［J］. 大连海洋大学学报，27（3）：215-220.

王磊，陈再忠，冷向军，等，2016. 饲料中添加雨生红球藻对七彩神仙鱼生长、体色及抗氧化力的影响［J］. 淡水渔业，46（6）：92-97.

温为庚，林黑着，吴开畅，等，2011. 饲料中添加虾青素对斑节对虾生长和免疫指标的影响［J］. 中山大学学报自然科学版，50（3）：144-146.

吴仁福，龙晓文，侯文杰，等，2018. 饲料中添加雨生红球藻粉对三疣梭子蟹雌体卵巢发育、色泽、抗氧化能力和生化组成的影响［J］. 水生生物学报，42（4）：11.

谢家俊，2017. 虾青素对卵形鲳鲹幼鱼生长、体色、抗氧化、抗炎能力及肠道菌群的影响［D］. 上海：上海海洋大学.

徐晓津，王军，谢仰杰，等，2008. 大黄鱼头肾免疫细胞研究［J］. 海洋科学，32（11）：24-28.

杨惠云，2012. 牛黄胆酸钠影响虾青素对血鹦鹉鱼着色效果的研究 [D]. 上海：上海海洋大学.

余小君，韩涛，郑普强，等，2018. 不同胆固醇和虾青素水平对三疣梭子蟹生长、体组成及色泽的影响 [J]. 浙江海洋学院学报（自然科学版），37（5）：445-451.

岳兴建，张耀光，敖磊，等，2004. 南方鲇头肾的组织学和超微结构 [J]. 动物学研究，25（4）：327-333.

张春燕，文登鑫，姚文祥，等，2021. 不同来源虾青素对虹鳟生长性能、肉色和抗氧化能力的影响 [J]. 动物营养学报，33（2）：1008-1019.

张晓红，吴锐全，王海英，等，2010. 饲料中添加虾青素对血鹦鹉皮肤类胡萝卜素含量和体色三刺激值的影响 [J]. 广东海洋大学学报，30（4）：77-80.

张永安，孙宝剑，聂品，2000. 鱼类免疫组织和细胞的研究概况 [J]. 水生生物学报，24（6）：648-654.

赵子续，张宝龙，曲木，等，2007. 万寿菊粉、虾青素对黄金鲤生长、体色及抗氧化指标的影响 [C] //第一届微藻与水族高峰论坛论文集. 第一届微藻与水族高峰论坛. 天津：中国水产学会.

左正宇，邵洋，刘杨，等，2019. 虾青素调节肝脂代谢与昼夜节律基因表达 [J]. 食品科学，43（3）：165-172.

Ainsworth A J，1992. Fish granulocytes：morphology，distribution，and function [J]. Annual Review of Fish Diseases，2：123-148.

Alam M S，Teshima S，Koshio S，et al.，2015. Effects of supplementation of coated crystalline amino acids on growth performance and body composition of juvenile kuruma shrimp *Marsupenaeus japonicas* [J]. Aquaculture Nutrition，10（5）：309-316.

Alexander J B，Ingram G A，1992. Noncellular nonspecific defence mechanisms of fish [J]. Annual Review of Fish Diseases，2（1）：249-279.

Amar E C，Kiron V，Satoh S，et al.，2015. Influence of various dietary synthetic carotenoids on biodefence mechanisms in rainbow trout，*Oncorhynchus mykiss*（Walbaum）[J]. Aquaculture Research，32（s1）：162-173.

Baba T，Imamura J，Izawa K，et al.，1988. Cell-mediated protection in carp，*Cyprinus carpio* L against *Aeromonas hydrophila* [J]. Journal of Fish Diseases，11（2）：171-178.

Baker R T M，Pfeiffer A M，Schner F J，et al.，2002. Pigmenting efficacy of astaxanthin and canthaxanthin in fresh water reared Atlantic salmon，*Salmo salar* [J]. Animal Feed Science & Technology，99（1-4）：97-106.

Baldo B A，Fletcher T C，1973. C-reactive Protein-like Precipitins in Plaice [J]. Nature，246（5429）：145-146.

Barbosa M J，Morais R，Vhoubert G，1999. Effect of carotenoid source and dietary lipid content on blood astaxanthin concentration in rainbow trout（*Oncorhynchus mykiss*）[J].

Aquaculture, 176 (3-4): 331-341.

Bartos J M, Sommer C V, 1981. In vivo cell mediated immune response to M. tuberculosis and *M. salmoniphilum* in rainbow trout (*Salmo gairdneri*) [J]. Developmental & Comparative Immunology, 5 (1): 75-83.

Boudinot P, Blanco M, Dekinkelin P et al., 1998. Combined DNA immunization with the glycoprotein gene of viral hemorrhagic septicemia virus and infectious hematopoietic necrosis virus induces double-specific protective immunity and nonspecific response in rainbow trout [J]. Virology, 249 (2): 297-306.

Brambilla F, Forchino A, Antonini M, et al., 2016. Effect of dietary Astaxanthin sources supplementation on muscle pigmentation and lipid peroxidation in rainbow trout (*Oncorhynchus mykiss*) [J]. Italian Journal of Animal Science, 8: 845-847.

Buttle L, Crampton V, Williams P, 2001. The effect of feed pigment type on flesh pigment deposition and colour in farmed Atlantic salmon, *Salmo salar* L [J]. Aquaculture Research, 32 (2): 103-111.

Castellana B, Iliev D B, Sepulcre M P, et al., 2008. Molecular characterization of interleukin-6 in the gilthead seabream (*Sparus aurata*) [J]. Molecular immunology, 45 (12): 3363-3370.

Chilmonczyk S, 1992. The thymus in fish: Development and possible function in the immune response [J]. Annual Review of Fish Diseases, 2 (none): 181-200.

Dalmo R A, Ingebrigtsen K, Bgwald J, 2010. Non-specific defence mechanisms in fish, with particular reference to the reticuloendothelial system (RES) [J]. Journal of Fish Diseases, 20 (4): 241-273.

Do L T K, Luu V V, Morita Y, et al., 2015. Astaxanthin present in the maturation medium reduces negative effects of heat shock on the developmental competence of porcine oocytes [J]. Reproductive Biology, 15 (2): 86-93.

Ehulka J, 2000. Influence of astaxanthin on growth rate, condition, and some blood indices of rainbow trout, *Oncorhynchus mykiss* [J]. Aquaculture, 190 (1-2): 27-47.

Farruggia C, Kim M B, Bae M, et al., 2018. Astaxanthin exerts anti-inflammatory and antioxidant effects in macrophages in NRF2-dependent and independent manners [J]. The Journal of Nutritional Biochemistry, 62: 202-209.

Fletcher T C, 1982. Non-specific defence mechanisms of fish [J]. Development and Compative Immunology, 2: 123-132.

Fock W, Chen C, Lam T, et al., 2001. Roles of an endogenous serum lectin in the immune protection of blue gourami, Trichogaster trichopterus (*Pallus*) against Aeromonas hydrophila [J]. Fish & shellfish immunology, 11 (2): 101-113.

Fournier-betz V, Quentel C, Lamour F, et al., 2000. Immunocytochemical detection of Igpositive cells in blood, lymphoid organs and the gut associated lymphoid tissue of the turbot (*Scophthalmus maximus*) [J]. Fish & shellfish immunology, 10 (2): 187-202.

Gomes E, Dias J, Silva P, et al. , 2002. Utilization of natural and synthetic sources of carotenoids in the skin pigmentation of gilthead seabream (*Sparus aurata*) [J]. European Food Research and Technology, 214 (4): 287-293.

Graham S, Secombes C, 1990. Do fish lymphocytes secrete interferon-γ? [J]. Journal of Fish Biology, 36 (4): 563-573.

Grinde B, Lie Ø, Poppe T, et al. , 1988. Species and individual variation in lysozyme activity in fish of interest in aquaculture [J]. Aquaculture, 68 (4): 299-304.

Haegeman G, Content J, Volckaert G, et al. , 1986. Structural analysis of the sequence coding for an inducible 26-kDa protein in human fibroblasts [J]. European journal of biochemistry, 159 (3): 625-632.

Han J, Lee Y, Im J, et al. , 2019. Astaxanthin ameliorates lipopolysaccharide-induced neuro inflammation, oxidative stress and memory dysfunction through inactivation of the signal transducer and activator of transcription 3 pathway [J]. Marine Drugs, 17 (2).

Harpaz S, Rise M, Arad S, et al. , 2015. The effect of three carotenoid sources on growth and pigmentation of juvenile freshwater crayfish *Cherax quadricarinatus* [J]. Aquaculture Nutrition, 4 (3): 201-208.

Hirano T, 1998. Interleukin 6 and its receptor: ten years later [J]. International reviews of immunology, 16 (3-4): 249-284.

Huggett A C, Ford C P, Thorgeirsson S S, 1989. Effects of interleukin-6 on the growth of normal and transformed rat liver cells in culture [J]. Growth Factors, 2 (1): 83-89.

Kono T, Bird S, Sonoda K, et al. , 2008. Characterization and expression analysis of an interleukin- 7 homologue in the Japanese pufferfish, *Takifugu rubripes* [J]. FEBS journal, 275 (6): 1213-1226.

Kuan-hung L, Kao-chang L, Wan-jung L, et al. , 2015. Astaxanthin, a Carotenoid, Stimulates Immune Responses by Enhancing IFN-γ and IL-2 Secretion in Primary Cultured Lymphocytes *in Vitro* and *ex Vivo* [J]. International Journal of Molecular Sciences, 17 (1): 44.

Lehrer R I, Ganz T, 2002. Defensins of vertebrate animals [J]. Current opinion in immunology, 14 (1): 96-102.

Leiro J, Ootega M, Siso M, et al. , 1997. Effects of chitinolytic and proteolytic enzymes on in vitro phagocytosis of microsporidians by spleen macrophages of turbot, *Scophthalmus maximus* L [J]. Veterinary immunology and immunopathology, 59 (1): 171-180.

Lim G B, Lee S Y, Lee E K, et al. , 2002. Separation of astaxanthin from red yeast *Phaffia rhodozyma* by supercritical carbon dioxide extraction [J]. Biochemical

Engineering Journal, 11 (2): 181-187.

Liu X, Chen X, Liu H, et al. , 2018. Antioxidation and anti-aging activities of astaxanthin geometrical isomers and molecular mechanism involved in *Caenorhabditis elegans* [J] . Journal of Functional Foods, 44: 127-136.

Lobb C J, Clem L W, 1981. The metabolic relationships of the immunoglobulins in fish serum, cutaneous mucus and bile [J] . Journal of Immunology, 127 (4): 1525-9.

Manning M J, Grace M F, Secombes C J, 1982. Ontogenic aspects of tolerance and immunity in carp and rainbow trout: Studies on the role of the thymus [J] . Developmental And Comparative Immunology, 2: 75-82.

Mehler M F, Kessler J A, 1997. Hematolymphopoietic and inflammatory cytokines in neural development [J] . Trends in neurosciences, 20 (8): 357-365.

Merchie G, Kontara E, Lavens P, et al. , 2015. Effect of vitamin C and astaxanthin on stress and disease resistance of postlarval tiger shrimp, *Penaeus monodon* (Fabricius) [J] . Aquaculture Research, 29 (8): 579-585.

Morrow W, Pulsford A, 1980. Identification of peripheral blood leucocytes of the dogfish (*Scyliorhinus canicula* L.) by electron microscopy [J] . Journal of Fish Biology, 17 (4): 461-475.

Murai T, Kawasumi K, Tominaga K, et al. , 2019. Effects of astaxanthin supplementation in healthy and obese dogs [J] . Veterinary Medicine Research & Reports, Volume 10: 29-35.

Mu Y, Sun X, et al. , 2018. Astaxanthin protects lipopolysaccharide-induced inflammatory response in *Channa argus* through inhibiting NF-κB and MAPKs signaling pathways [J] . Fish & shellfish immunology, 86: 280-286.

Nakayama A, Kupokawa Y, Harino H, et al. , 2007. Effects of tributyltin on the immune system of Japanese flounder (*Paralichthys olivaceus*) [J] . Aquatic toxicology, 83 (2): 126-133.

Oaizola M, 2003. *Haematococcus astaxanthin*: applications for human health and nutrition [J] . Trends in Biotechnology, 21 (5): 210-216.

Ortiz-muniz g, Sigel M, 1971. Antibody synthesis in lymphoid organs of two marine teleosts [J] . Journal of the Reticuloendothelial Society, 9 (1): 42-52.

Paul Y, Weiss A, Adermann K, et al. , 1998. Translocation of acylated pardaxin into cells [J] . FEBS letters, 440 (1): 131-134.

Petit H, Nèger-sadargues G, Castillo R, et al. , 1997. The effects of dietary astaxanthin on growth and moulting cycle of postlarval stages of the prawn, *Penaeus japonicus* (Crustacea, Decapoda) [J] . Comparative Biochemistry & Physiology Part A Physiology, 117 (4): 539-544.

Pouny Y, Rapaport D, Mor A, et al., 1992. Interaction of antimicrobial dermaseptin and its fluorescently labeled analogs with phospholipid membranes [J]. Biochemistry, 31 (49): 12416-12423.

Ranga R A, Raghunath R R L, Baskaran V, et al., 2010. Characterization of microalgal carotenoids by mass spectrometry and their bioavailability and antioxidant properties elucidated in rat model [J]. Journal of Agricultural & Food Chemistry, 58 (15): 8553.

Reite O B, 1998. Mast cells/eosinophilic granule cells of teleostean fish: a review focusing on staining properties and functional responses [J]. Fish & Shellfish Immunology, 8 (7): 489-513.

Romano N, Taverne-thiele J, Van maamem J, et al., 1997. Leucocyte subpopulations in developing carp (*Cyprinus carpio* L.): immunocytochemical studies [J]. Fish & Shellfish Immunology, 7 (7): 439-453.

Secombes C J, Manning M J, 2010. Comparative studies on the immune system of fishes and amphibians: antigen localization in the carp *Cyprinus carpio* L [J]. Journal of Fish Diseases, 3 (5): 399-412.

Sf A, Fa B, Ld C, et al., 2018. Astaxanthin: A mechanistic review on its biological activities and health benefits [J]. Pharmacological Research, 136: 1-20.

Siwicki A, Studnicka M, 1987. The phagocytic ability of neutrophils and serum lysozyme activity in experimentally infected carp, *Cyprinus carpio* L [J]. Journal of fish biology, 31 (sA): 57-60.

Sun-Joong, K H, et al., 2010. Astaxanthin represses adipogenesis in 3T3-L1 cells [J]. Journal of Biotechnology, 150: 308.

Suzuki K, 1986. Morphological and phagocytic characteristics of peritoneal exudate cells in tilapia, *Oreochromis niloticus* (Trewavas), and carp, *Cyprinus carpio* L [J]. Journal of Fish Biology, 29 (3): 349-364.

Szelényi J, 2001. Cytokines and the central nervous system [J]. Brain research bulletin, 54 (4): 329-338.

Takai Y, Wong G, Clark S, et al., 1988. B cell stimulatory factor-2 is involved in the differentiation of cytotoxic T lymphocytes [J]. The Journal of Immunology, 140 (2): 508-512.

Tasumi S, Ohira T, Kawazoe I, et al., 2002. Primary structure and characteristics of a lectin from skin mucus of the Japanese eel *Anguilla japonica* [J]. Journal of Biological Chemistry, 277 (30): 27305-27311.

Torrissen O J, 1995. Christiansen R. Requirements for carotenoids in fish diets [J]. Journal of Applied Ichthyology, 11 (3-4): 225-230.

Torrissen O J, 1989. Pigmentation of salmonids: Interactions of astaxanthin and

canthaxanthin on pigment deposition in rainbow trout [J] . Aquaculture, 79 (1 - 4):
363-374.

Turner R J, 1994. Immunology: a comparative approach [M] . John Wiley & Sons Ltd.

Varela M, Dios S, Novoa B, et al. , 2012. Characterisation, expression and ontogeny of interleukin-6 and its receptors in zebrafish (*Danio rerio*) [J] . Developmental & Comparative Immunology, 37 (1): 97-106.

Vasallo-agius R, Watanabe T, Imaizumi H, et al. , 2010. Effects of dry pellets containing astaxanthin and squid meal on the spawning performance of striped jack *Pseudocaranx dentex* [J] . Fisheries Science, 67 (4): 667-674.

Wang T, Huang W, Costa M M, et al. , 2011. The gamma-chain cytokine/receptor system in fish: more ligands and receptors [J] . Fish & shellfish immunology, 31 (5): 673-687.

Xu X, Jin Z, Wang H, et al. , 2010. Effect of astaxanthin from *Xanthophyllomyces dendrorhous* on the pigmentation of Goldfish, *Carassius auratus* [J] . Journal of the World Aquaculture Society, 37 (3): 282-288.

Yanar M, Tekelio G N, 1999. The effect of natural and synthetic carotenoids on pigmentation of Goldfish (*Carassius auratus*) [J] . Turkish Journal of Veterinary & Animal Sciences, 23 (5): 501-505.